亲近自己释然生命

莫让自责阻扰心扉

主编 拾 月
编著 陈小梦

图书在版编目（C I P）数据

亲近自己 释然生命：莫让自责阻扰心扉 / 陈小梦编著. -- 北京：现代出版社, 2014.10（2024.4重印）
ISBN 978-7-5143-2781-6

Ⅰ. ①亲… Ⅱ. ①陈… Ⅲ. ①成功心理 - 青少年读物 Ⅳ. ①B848.4-49

中国版本图书馆 CIP 数据核字(2014)第 236746 号

亲近自己 释然生命：莫让自责阻扰心扉

主　　编	拾　月
编　　著	陈小梦
责任编辑	王敬一
内文制作	诚美天下文化传播有限公司
出版发行	现代出版社
地　　址	北京市安定门外安华里 504 号
邮　　编	100011
电　　话	（010）64267325
传　　真	（010）64245264
邮　　箱	xiandai@cnpitc.com.cn
网　　址	www.1980xd.com
印　　刷	唐山富达印务有限公司
开　　本	700mmx1000mm　1/16
印　　张	9
版　　次	2014 年 8 月第 1 版第 1 次印刷　2024 年 4 月第 4 次印刷
书　　号	ISBN 978-7-5143-2781-6
定　　价	57.00 元

前言

青少年是社会的宝贵财富，是人类的希望和未来，正所谓“少年强则国强”。为此，大至一个国家、一个民族，小至一个家庭、一个家族，都特别重视青少年的教育问题。希望他们成为社会的中坚，家族的骄傲。一句话，就是希望他们成为成功的人。于国，能成为有用的人才；于家，能成为顶梁柱。不仅仅要学习好，还要有辨别人世间善、恶、美、丑的能力。在每个人的人生中，除了需要自身的因素之外，还需要拥有感受世界的能力。

包容、快乐，是旅途之中的包囊，时刻给予我们心灵的养分。

自责、抚慰，是对那些过往的积淀、筛选，去其糟粕，取其精华。

简约、坚持，是对人生最大的尊重，是对生命最好的诠释。

放弃、放下，是心灵深处的温度计，是心灵最惬意的悠然假期。

完美、舍得，是对生命、对梦想、对人生的终极追求。

青春，是人最美好的一段时光，也是人格、性格定型的重要阶段，在这个时期，我们需要享受青春的快乐，同时也需要完成自我塑造。通过心理自助，最终从一个小男生、小女生逐渐成长为一个有着健全人格的人，成长为一个对社会、对家庭、对自我有着相对完整认知的人，成长为能够为自己的未来做主的人。这才是一个最充实、最有价值的青春。每个梦想都值得我们认真对待，每个青少年都是未来的希望。在青春中我们不仅要有欢乐，同时也要拥有未来！

本丛书是你化解烦恼的“心灵鸡汤”，可以给你快乐的心理自助；本丛书会让你认识到：掌控心理，方能掌控世界；改变自己，才能改变一切。本丛书还将告诉你：只有实现积极的心理自助，才能收获快乐而充实的青春。

目录

第一篇 领悟真谛：不要因为自责而迷失自己

第二篇 调整心态：积极的自责让灵魂获得解脱

第三篇 认可自己：正视不忘粗心的细腻情怀

目录

第四篇 做些改变：人生应该少些悔恨多些慈悲

第五篇 意志坚强：挫折是不可错过的缤纷之景

第一篇

领悟真谛：不要因为自责而迷失自己

时间，对于年轻人来说，或许是最不缺的，因为他们还年轻；时间，对于年轻人来说，或许是最缺的，因为他们除了年轻什么都没有。在这漫长却又短暂的生命里，我们无暇因为错误的自责而耽搁了所有的行程，一个人内心的坦然和淡定，本身就可以化解许多遗憾。

自责不能促使你至善至美

故事话题

有个年轻人，进入大学后，由于学校和专业都不理想，索性不再努力。他逃课、酗酒，任由自己一天天堕落下去。

唯一的例外，就是杨教授的生物课，他一次没逃过。因为，他实在是太喜欢这门学科了，而且还很喜欢杨教授生动有趣的讲课方式。所以，即使大多数同学都不认真听，他还是讲得津津有味。

一次，他在作业里夹了一张纸条，上面写着：老师，现在大学生比土豆还便宜，是这样的吗？

其实连他自己都不知道为何要这样做，或许是出于对杨教授的信任，也可能是因为自己内心并不甘心像现在这样消沉，却找不到努力的理由。

那天下课后，杨教授把他叫到自己家里，四菜一汤，还拿出一瓶酒，师生两人喝得不亦乐乎。酒到酣处，教授拿出一个又小又青，还发芽的土豆，对年轻人说："你知道它多少钱吗？皮多肉少又有毒，告诉你，白送给谁谁都不要。"说着，教授把土豆扔进了垃圾桶。

接着，教授又拿出一个土豆，看上去有一斤多重："这是用有机肥料栽培的土豆，个大新鲜无污染，6 块多钱一斤。"

年轻人愣在了那里。教授把大土豆塞到他手里，说："做这样的土豆吧，记住，土豆和土豆是不一样的。"

故事解析

你的行为，只是你用来满足需求的手段。它们可能是“明智”或“不明智”的，但不能就此判断你本身是“好”或是“坏”。从本质上来说，你的灵魂是完美无瑕的，只不过此时你可能在基于错误的意识行事。

《圣经》上清楚地写道，你是按“上帝的形象和喜好”而生的。如果这是真的，那么你肯定已经是完美的了，只不过是因为当前意识的限制，你还没有意识到而已。越相信这一点，你就越能表现完美。

在这里推荐一个有趣的个人实验，希望能对你有所帮助。在接下来的 21 天里，记一份关于自责的日记。在这三周里，观察自己的行为，作笔记，记录下所有细节：每当你试图让别人感到自责时；每当别人试图让你感到自责时；每当你试图让自己感到自责时。通过写日记的方式，你会很快发现你究竟在自责的游戏上浪费了多少时间。每当你试图让自己或别人感到自责时，立即停止，并当场纠正。这会有助于你改变习惯模式，很快你就会不再玩这场自责游戏了。

每当你发现别人在企图让你感到自责时，直接告诉他，他的法宝对你已经不起作用了。必须让他们知道，我们不再那么好欺负了。起初他们会怀疑，因为他们已经通过自责的武器操纵了你很长时间，但是，一旦他们认识到你不再需要他们的认可，不再愿意玩自责的游戏时，他们就不会再利用自责来操纵你。

故事穿越

你的行为，只是你用来满足需求的手段。它们可能是“明智”或“不明智”的，但不能就此判断你本身是“好”或是“坏”。从本质上来说，你的灵魂是完美无瑕的，只不过此时你可能在基于错误的意识行事。

《圣经》上清楚地写道，你是按“上帝的形象和喜好”而生的。如果这是真的，那么你肯定已经是完美的了，只不过是因为当前意识的限制，你还没有意识到而已。越相信这一点，你就越能表现完美。

在这里推荐一个有趣的个人实验，希望能对你有所帮助。在接下来的21天里，记一份关于自责的日记。在这三周里，观察自己的行为，作笔记，记录下所有细节：每当你试图让别人感到自责时；每当别人试图让你感到自责时；每当你试图让自己感到自责时。通过写日记的方式，你会很快发现你究竟在自责的游戏上浪费了多少时间。每当你试图让自己或别人感到自责时，立即停止，并当场纠正。这会有助于你改变习惯模式，很快你就会不再玩这场自责游戏了。

每当你发现别人在企图让你感到自责时，直接告诉他，他的法宝对你已经不起作用了。必须让他们知道，我们不再那么好欺负了。起初他们会怀疑，因为他们已经通过自责的武器操纵了你很长时间，但是，一旦他们认识到你不再需要他们的认可，不再愿意玩自责的游戏时，他们就不会再利用自责来操纵你。

故事微语

自我强加，是最坏的自责的形式。当我们觉得自己违背了道德标准或社会道德规范时，就会感到自责；当我们回望过去的行为，发现自己做了不明智的选择或行为时，我们也会产生自责和后悔的情绪。我们根据自己目前的价值观体系，审视自己的所作所为，包括批评别人、偷窃、欺骗、说谎、吹牛、违背宗教信条或其他我们认为错误的行径。

大多数情况下，我们之所以会自责，是因为我们想要表达对自己行为的抱歉。从本质上来说，我们是在为自己的行径进行自我惩罚，并企图改变过去。可我们没有意识到，过去发生的事情，终究是无法从头再来一遍的。

自责和吸取教训之间，存在极大的区别。自责的自我强加，是一种神经质行为，如果具备这种倾向，必须立刻停止，否则就会对自己的自信心产生无法挽回的损伤。所以，满怀自责并不能帮助你树立自信，它只会让你变成过去的俘虏，使你停滞不前，逃避眼前和未来的生活责任。

企图忽视错误的后果跟坚持自责没有两样。对于错误，应该像对待眼中沙一样。发现问题后，不要为此责怪自己，把它解决掉就可以了。越早解决，你就会越快摆脱它所带来的痛苦。只有这样，你才能过上积极的生活，才能建立自信，发挥自己的无限潜能。

心灵箴言

树老怕空，人老怕松，戒空戒松，从严而终。

——华罗庚

以人为鉴，明白非常，是使人能够反省的妙法。

——鲁迅

在获得胜利之后而能克制自己的人，获得了双重的胜利。

——[英] 培根

经常谈论自己的人常受损。自责往往被人信以为真，自赞决不会受人相信。

——[法] 蒙田

时间很宝贵，不要浪费在自责上

故事话题

一对恩爱夫妻结婚10年，终于喜得贵子，孩子自然成了夫妻两个的宝贝，给原本幸福的生活增添了不少乐趣。

转眼宝宝2岁了，这一天，丈夫正打算出门上班的时候，看到桌子旁边有瓶杀虫药水，盖子是打开的，他想到要把药瓶收好，但因为上班要迟到了，就对正在厨房里忙活着的妻子喊了一声：“桌子旁边有个药水瓶，等会儿你把它收起来。”妻子在厨房忙得团团转，答应了一声：“哦！”

丈夫走后，粗心的妻子一转身就忘了丈夫刚才说的事情，宝宝自己在客厅玩的时候，觉得桌子边上的药水瓶很新鲜，颜色也很漂亮，于是拿起药水，喝了几口。

这瓶药水是强效杀虫剂，即使是成年人，喝下这么多也会有危险，宝宝只有2岁，等妈妈发现，把他送到医院的时候 ，已经晚了。

妻子既伤心又后悔，她不知道该如何面对自己的丈夫。丈夫赶到医院，得知噩耗，伤心欲绝，他看着孩子的尸体，对妻子说了3个字：“我爱你”。

这个时候说出如此令人动容的一句话，要有多久的修炼，多大的包容，多深的人生智慧。同一件不幸的事，你可以怨天尤人，痛骂社会，甚至自责无穷，但事情不会因为这些而改变，却会让这一切改变了你的生活，负着伤疤活下去。

故事解析

命运在自己的手里，而不是在别人的嘴里，这就是命运。当然，你再看看你自己的手掌，你会发现你的生命线有一部分还留在外面，没有被握住，它又能给我们什么启示？命运绝大部分掌握在自己手里，但还有一部分由不得你自己。

从过去的行为中吸取经验教训，这对于自信的形成非常重要。但是，为过去的事情感到后悔自责，并不等于从过去吸取经验。从过去吸取经验的意思是，基于你的意识，尽可能地承认错误，分析问题，避免再犯相同的错误。

不要把宝贵的时间和精力浪费在悔恨、自责和羞愧上。这些负面情绪只会阻止你改变目前的生活状态，因为它们只会让你的意识停留在过去。

意识停留在过去的人，不可能积极地面对现在。因为人的大脑无法同时面对“过去”和“现在”这两个现实。生活是对意识的反映。如果你的意识只关心你做过或本来应该做什么，那么你的现在只会由气馁、焦虑和迷惑堆砌而成，这个代价太大了。原谅自己，用积极的心态面对未来。

故事穿越

一个猎人带儿子去打猎，在林子里活捉了一只小山羊。儿子非常高兴，要求饲养这只小山羊，父亲答应了，将猎物交给儿子，要他先带回家去。

儿子挎着枪，牵着羊，沿着小河回家。中途，羊在喝水的时候忽然挣脱绳子，小猎人紧追慢赶，还是没抓住，到手的猎物就这么飞走了。

小猎人既恼火又伤心，坐在河边一块大石头后哭泣，不知道如何向父

亲交代，满腔懊悔之情。

糊里糊涂等到傍晚，看见父亲沿河流走来了。小猎人站起来，告诉父亲失羊一事。父亲非常惊讶，问：“那你就一直这么坐在大石头后面吗？”

小猎人赶忙为自己辩解：“我没能追上它，也四处找了，没有踪影。”

父亲摇摇头，指着河岸泥地上一些凌乱的新鲜脚印：“看，那是什么？”

小猎人仔细察看后，问：“刚刚来过几只鹿吗？”

父亲点点头：“就是！为了那只小山羊，你错过了整整一群鹿啊！”

故事微语

人生如车，或长途，或短途；人生如戏，或喜，或悲。很多事，过去了，就注定成为故事；很多人，离开了，就注定成为故人。生命中的故人，积攒的故事，这些都是历练。人就是在历练中慢慢成熟的。一些事，闯进生活，高兴的，痛苦的，时间终会将其消磨变淡。经历的多了，心就坚强了，路就踏实了。

然而有些时候，我们需要把握自己的机遇，不能任其在自己眼皮子底下溜走，不要因为已经错过了太阳而再为了失去月亮而懊恼。不要跟别人比自己的存在价值，也不要以别人的标准作为自己的目标，要找到适合自己的出路。如果一旦失去了什么，也不要因为沉湎过去，或憧憬未来而使时间从指缝中消逝。过好今天、把握当下，你便精彩了生命的每一天。

该得到的，不要错过；该失去的，洒脱地放弃。过多的在乎会将人生的乐趣减半，看淡了，一切也就释然了。

心灵箴言

节约时间也就等于延长了人的生命。

——鲁迅

盛年不重来，一日难再晨。及时当勉励，岁月不待人。

——陶渊明

在所有批评家中，最伟大、最正确、最天才的是时间。

——[俄] 别林斯基

必须记住我们学习的时间是有限的。时间有限，不只由于人生短促，更由于人事纷繁。

——[英] 斯宾塞

很多小事并不值得自责

故事话题

有一对夫妻，女人做错了事被丈夫奚落了一顿，心里特别不高兴，顺手还摔了一个小镜子。他最烦别人生气时摔东西了，就气乎乎地说：“不是想摔东西吗？大家一起摔好了。”他拿起桌子上的东西摔了一地，摔门出去了。晚上回来的时候，女人已经走了，三天没有回来。

丈夫着急了，怕她因为委屈憋坏了身体，就打电话跟她说：“是我不好，不该对你发火，我不是在乎你摔东西，我只是不想你养成这种习惯，别生气了好吗？”从此，女人再也没摔过任何东西，两个人好像再也没因为小事吵过。相遇是缘，不是用来生气的。

故事解析

当长辈做错事时，我们不要用恶劣的态度对待他，因为他是我们的长辈。夫妻之间有矛盾，要互相体谅宽容。如果晚辈做错事时，我们一定要讲道理让他改正，告诉他错在哪里，长大后他就会慢慢知道了。

很多时候我们认为别人伤害了我们，可从来都不知道从自身找原因，难道真的都是别人的错吗？夕阳如金，皓月如银，人生的幸福、快乐是享受不尽的，哪里还有时间去自责呢？自责有时候就是用想象中的错误来惩罚自己。

故事穿越

陆象先是唐朝一个很有气量的人。

当时太平公主专权，宰相萧至忠、岑义等大臣都投靠她，只有陆象先洁身自好，从不去巴结。先天二年，太平公主事发被杀，萧至忠等被诛。受这件事牵连的人很多，陆象先暗中化解，救了许多人，那些人事后都不知道。

先天三年，陆象先出任剑南道按察使，一个司马劝陆象先说："希望明公采取些杖罚来树立威名。要不然，恐怕没人会听我们的。"陆象先说："当政的人讲理就可以了，何必要讲严刑呢？这不是宽厚人的所为。"

先天六年，陆象先出任蒲州刺史。吏民有罪了，大多开导教育一番，就放了。录事对陆象先说："明公您不鞭打他们，哪里有威风！"陆象先说："人情都差不多的，难道他们不明白我的话？如果要用刑，我看应该先从你开始。"录事惭愧地退了下去。陆象先常常说："天下本来无事，都是人自己给自己找麻烦，才将事情越弄越糟。如果在开始就能清楚这一点，事情就简单多了。"

故事微语

每个人在生活中，都会有这样那样的不如意，而这些不如意的事情带给每个人的影响又各不相同，有些人可能会因为这些不如意的事情而郁郁寡欢，也有些人会从中发现契机。

无论工作还是生活，每个人都会有各自的烦恼，每个人心目中都会面临诸多的大事小情。一个人的精力有限，如果每天都不分轻重缓急的去纠结这些事，不知道可以维持多久。

看到身边一些琐碎小事，我们就气不打一处来。要么大哭一场，要么喝闷酒，其实这样做又有什么用呢？如果我们有点事就大发脾气，难道对方就能得到惩罚了吗？结果只能适得其反。如果我们生气大哭一场，只能把自己的眼睛哭肿；如果我们喝闷酒；只能伤害自己的身体；这其实都是在惩罚自己。

生气、自责不但解决不了问题，还会把问题搞得复杂化。

心灵箴言

每个人都会犯错，但是，只有愚人才会执过不改。

——[古罗马] 西塞罗

中年的妙趣在于相当的认识人生，认识自己，从而做自己所能做的事，享受自己所能享受的生活。

——梁实秋

我们必须调整我们的生活形态，使黄金时代藏在未来的老年里，而不藏在过去的青春和天真的时期里。

——林语堂

少年为未知的前途彷徨，老年为已知的寂寞而发愁；独独中年，江山已定，前途在握，分分秒秒都可以自行支配，充分享受。

——尤今

改掉错误比纠结于错误更有意义

故事话题

1961 年 4 月 12 日，苏联宇航员加加林在太空飞完了 108 分钟，平安地回到了地面。这人类圆满完成了探索太空的第一次飞行。

加加林因此成了全世界的英雄。几分钟后，世界各地的电台、报纸争相报道这个 25 岁的矮个子宇航明星。他在国内更是享受到非同一般的政治待遇：与火箭之父科罗廖夫被苏共中央总书记赫鲁晓夫热情接见；和政要、名人拥抱、举杯；大大小小的勋章挂满胸前；军衔从上尉升为少校。后来，他又被选送到茹科夫斯基军事学院和高等军事学院研究生院深造。他走到哪里都会成为焦点，受到别人的追捧。

在巨大的名誉面前，加加林有些忘乎所以。他常常驾着国家奖给他的伏尔加轿车在街道上横冲直撞。有一天，加加林开车又闯红灯，撞翻了另一辆汽车，两辆车都变得面目全非。幸好，他与另外那位驾车者都只受了点轻伤。责任本来不难判断，但赶到出事地点的警察认出是加加林，事情就发生了戏剧性的逆转。警察微笑着向加加林敬了一个礼，当即保证“追究肇事者的责任”。那位真正的受害老者虽然负了伤，看到面前站着的是加加林，也赔起了笑脸。

警察拦下一辆过路汽车，嘱咐司机将加加林安全送到目的地，却留下那个真正的受害者。加加林坐在汽车上，心里却像搁了个滚烫的烧饼一样难受。他让司机迅速把车开回出事地点，在警察和受害者面前诚恳地认错，帮助对方修好汽车，承担了全部的费用。

故事解析

加加林无疑是一个勇者，勇在敢于承认和改正错误。正是他在关键时候的一次“回头”，让人们更加尊敬和爱戴他。

人们都说，橡皮擦是给那些犯错的人准备的，但智者会告诉你，它是给那些希望改正错误的人准备的。人没有完美之人，难免会犯错误，发现错了及时改正，就是一种进步。不然，明知错了，却欲罢不能，一错再错，那就不可救药了。不要因为贪图一时的快乐而付出惨痛的代价。

人，总是很难改正自己的缺点；人，也总是很难发现自己的错误。有时，明知错了，却欲罢不能，一错再错，这就是没有把握正确的方向，没有坚守自己的原则。世界上的诱惑很多，天上永远不会掉馅饼，不要因为贪图一时的快乐而付出惨痛的代价，如果发现错了，一定要止步。正所谓：“人生如果错了方向，停止就是进步”。

故事穿越

林语堂先生写过一本《苏东坡传》，其中讲到一则皇帝认错的故事。说的是苏东坡和他的“同事”们在元祐年间“执政”，采取过一些“改革措施”，后来被贬官，再后来，被列入《元祐党人碑》，309人的姓名被刻在了上面，说明永不录用，而且子孙后代同样不能在朝廷为官，也不能和别的官宦人家通婚……这碑除了在京师树立，而且遍植于全国各地。

徽宗皇帝的这个措施其实不得人心。他和宰相等立碑之后，也禁止所谓党人的诗文流传，刻有苏东坡诗文的碑记，也多被拆毁，但是其拓本、纸本等却更为流行，甚至流向境外，屡禁而不止。直到崇宁五年，有一次

天雷落地，把皇宫中一块“党人碑”击碎了，同时天上有彗星出现。

皇帝有些着急，别是天谴吧。于是除了把碎碑清掉外，还把宫外另一块没有被雷击中的党人碑也撤掉了。当时的宰相，虽不能反对皇帝这样做，还是说，碑可以毁掉，但是这些人的名字却永远难忘。意思是说，他们是奸臣，碑不在了，还是奸臣。

但是事实的发展，正和宰相的想法相反。人们还是记得苏东坡，不是因为他曾被列入党人碑，而是记得他的种种好处，所谓民不能忘。甚至有传言说，苏东坡在天上做“文相”了。以后，被朝廷褫夺的苏东坡的生前官职，一一恢复，获谥为文忠，这都可以看作是几代皇帝的改错之举。南宋孝宗皇帝时又由圣旨加封太师（太师本意就是皇帝之师了）荣衔。《元祐党人碑》至此彻底被否定了。

故事微语

古人关于改正错误的格言有很多。“不迁怒，不贰过”，“闻过则喜”，“过则不惮改”甚至于“放下屠刀，立地成佛”。

宋代徽宗以下一些皇帝，在苏东坡这件事上，把错改了。皇帝也不都是只知道专制，蛮不讲理，坚持错误，至死不改，而且子承父错，一错再错的呀。

心灵箴言

有则改之，无则加勉。

——朱熹

与人不求备，检身若不及。

——伊尹

知过则改永远是不嫌迟的。

——[英] 莎士比亚

自我批评之于我们，简直是和日光、空气、水一样重要。

——[苏联] 斯大林

世界很纷杂，要懂得呵护自己

故事话题

晏子出使楚国。楚国人因为他身材矮小，就在城门旁边特意开了一个小门来迎接晏子。晏子不肯进去，说：“只有出使狗国的人，才从狗洞中进去。现在我出使的是楚国，不应该从此门进去吧。”迎接宾客的人只好改道请晏子从大门中进去。

晏子拜见楚王。楚王说：“齐国没有人了吗？派遣你作为使者”晏子回答说：“齐国首都临淄人口众多，张开衣袖连在一起可以遮天蔽日，挥洒汗水就像天下雨一样，肩挨着肩，脚跟着脚，怎么能说齐国没有人呢？”

楚王说：“既然这样，那么为什么派你这样一个人来作使臣呢？”晏子回答说：“齐国派遣使臣，各有各的主张规矩，那些贤明的人就派遣他出使贤明君主的国家，不贤、没有德才的人就派遣他出使无能君主的国家，我最没用了，所以就被派到这里来了。”

晏子将要出使楚国。楚王听到这个消息，对手下说：“晏婴是齐国的善于言辞的人，现在他将要来，我想要侮辱他，用什么办法呢？”手下回答说：“当他到来时，请允许我们绑着一个人从大王面前走过。大王就问：‘他是何人？’我们回答说，‘他是齐国人。’大王再问：‘犯了什么罪？’我们回答说：‘他犯了偷窃罪。”晏子到了楚国，楚王请晏子喝酒，酒喝得正高兴的时候，两个士兵绑着一个人到楚王面前去。楚王问道：“绑着的人是什么人？”

回答说：“是齐国人，犯了偷窃罪。”楚王看着晏子问道：“齐国人本来就善于偷东西的吗？”晏子离开了坐席回答道：“我听说：橘生长在淮河以南就是橘子，生长在淮河以北就变成枳，只是叶子的形状相似，它们的果实味道却不同。这样的原因是什么呢？是因为水土不同啊。现在这个人生在齐国不偷东西，一到了楚国就偷东西，莫非是楚国的水土使百姓善于偷窃吗？”

楚王苦笑着说：“圣人是不能同他开玩笑的，我反而自取其辱了。”

故事解析

故事中，晏子凭借机智的头脑，以及优秀的口才，为自己赢得了人格，与此同时，也为自己的国家争得了荣誉，使楚国不敢再小看自己的国家。

其实，人们在有意识时，便已经在一场又一场的角逐中展开奋力拼搏，努力想站在更高更远的地方，不眷恋安逸，不屑于小情小调。也许一开始想站在更高更远的地方，只是为了获得更强的能力去保护自己和自己爱的人。人们从这条道路上越走越远，在维护自己的同时，也不断强大了自己的各种技能，丰富了自己的生命。

故事穿越

18 岁的约翰·汤姆森是一位美国高中学生。他住在北达科他州的一个农场。1992 年 1 月 11 日，他独自在父亲的农场里干活。当他操作机器时，不慎在冰上滑倒了，他的衣袖绊在机器里，两只手臂被机器切断。

汤姆森忍着剧痛跑了 400 米来到一座房子里。他用牙齿打开门栓。他爬到了电话机旁边，但是无法拨电话号码。于是，他用嘴咬住一枝铅笔，一下一下地拨动，终于要通了他表兄的电话，他表兄马上通知了附近有关部门。

明尼阿波利斯州的一所医院为汤姆森进行了断肢再植手术。他住了一个半月的医院，便回到北达科他州自己的家里。如今，他已能微微抬起手臂，并已经回到学校上课了。他的全家和朋友都为他感到自豪。

故事微语

美国人为什么喜欢汤姆森呢？有的说，他聪明，会用铅笔打电话，还会用嘴打开门。有的说，他喜欢干活，我们喜欢勤劳的人。还有的说，他身体真棒，一定曾努力锻炼身体，不然早就没命了。

一位学者概括了这些人的回答，人们除了佩服他的勇气和忍耐力外，还有一种独立精神。他一个人在农场操作机器，出了事又顽强自救，所以他是好样的。

独立、勇敢、坚毅、不懈地与自然界抗争，这大概是美国从殖民时代遗留下来的优秀传统。这一传统在吸毒、抢劫、性混乱泛滥成灾的美国社会，仍然活在美国人的精神里。

汤姆森的故事里还有这样一个细节，他把断臂伸在浴盆里，为了不让血白白流走。当救护人员赶到时，他被抬上担架。临行前，他冷静地告诉医生：“不要忘了把我的手带上。”

应该讲汤姆森的行为并不伟大，但他确实有一种品格是值得被青少年视为榜样的，因为这毕竟是发生在一个名不见经传的普通青少年身上的活生生的事。

汤姆森的故事，是青少年学会生存的一个典型事例，他不仅适应美国，在不断与世界接轨的中国，青少年们也可以拿来学习。

心灵箴言

害人之心不可有,防人之心不可无。

——洪应明

豪华尽出成功后，逸乐安知与祸双。

——王安石

各人自扫门前雪，莫管他人瓦上霜。

——沈璟

人不犯我我不犯人，人若犯我我必犯人。

——毛泽东

第二篇

调整心态：积极的自责让灵魂获得解脱

多数人都不能从自我中寻求自信，如果自信只能从自身本质以外的特征或事物来获得，那么我们就无法从容地去理解世界上存在的诸多问题，以及关乎自我的问题。如果你经常自责，说明你对自己没有信心，如果这种自责不是消极的，而是积极的自责，那么就是一种自我检讨，是帮助我们走向成功的阶梯。

积极的自责是一剂良药

故事话题

1895年春天，爱因斯坦已16岁了。根据德国当时的法律，男孩只有在17岁以前离开德国才可以不必回来服兵役。由于对军国主义深恶痛绝，加之独自一人呆在军营般的路易波尔德中学已忍无可忍，爱因斯坦没有同父母商量就私自决定离开德国，去意大利与父母团聚。

但是，半途退学，将来拿不到文凭怎么办呢？一向忠厚、单纯的爱因斯坦，情急之中竟想出一个自以为不错的点子。他请数学老师给他开了张证明，说他数学成绩优异，早达到大学水平。又从一个熟悉的医生那里弄来一张病假证明，说他神经衰弱，需要回家静养。爱因斯坦以为有这两个证明，就可逃出这厌恶的地方。

谁知，他还没提出申请，训导主任却把他叫了去，以败坏班风，不守校纪的理由勒令他退学。爱因斯坦脸红了，不管什么原因，只要能离开这所中学，他都心甘情愿，也顾不得什么了。他只是为自己想出一个并未实施的狡猾的点子突然感到内疚，后来每提及此事，爱因斯坦都内疚不已。大概这种事情与他坦率、真诚的个性相去太远。

故事解析

有些时候，自责会损害人们正面的自我评价，使人变得敏感、郁闷、沮丧。这就好像一只鹦鹉落在你的肩膀上，时不时地在你耳边唠叨着“不对”，你可以想像这对你的自信心打击有多大。但有些时候，自责还会被认为是好的，有价值的，那就是积极的自责。

这种观点在如“孩子不打不成器”这样的谚语中得到了充分的体现，认为成长的道路充满了惩罚和矫正，结果自责变成了一种习惯、一种自然而然的反应。

故事穿越

一天，孔子带领着子路、子贡、颜渊等几个门生外出讲学。师生们来到海州，天空忽然电闪雷鸣，狂风暴雨大作。当地的一个老渔翁把他们领进一个山洞避雨。

这山洞面对着大海，是老渔翁平常歇脚的地方。孔子觉得洞里有点闷热，便走到洞口，观看雨中的海景，看着看着，不觉诗兴大发，吟成一联：风吹海水千层浪；雨打沙滩万点坑。

老渔翁听了忙道："先生，你说得不对啊，难道海浪整头整脑只有千层，沙坑不多不少正好万点？先生你数过吗？"

孔子觉得老渔翁的活有几分道理，便问道："既然不妥，怎样才合适呢？"

老渔翁不慌不忙地说，"咱生在水边，长在海上，时常唱些渔歌。歌也罢，诗也罢，虽说不必真鱼真虾，字字实在，可也得合情合理，句句传神。依我看，你那两句应当改成这样：'风吹海水层层浪，雨打沙滩点点坑。'浪层层，坑点点，数也数不清，这才合乎情理。"

子路在一旁火了，冲着老渔翁说："哎哎，圣人作诗，你怎能乱改！"

孔子喝道："子路！休得无礼！"

老渔翁拍着子路的肩膀说："圣人有圣人的见识，但也不见得样样都比别人高明。比方说，这鱼怎么打法，你们会吗？"一句话，把子路问了个哑口无言。

老渔翁瞧着子路的窘态，也不答活，飞身奔下山去，跳上渔船，撒开渔网，打起鱼来。

孔子看着老渔翁熟练的打鱼动作，想着他谈海水、改诗句、议"圣人"、责子路的情形，猛然间发觉自己犯了个大错误，于是把门生招拢在一起，严肃地说：为师以前对你们讲过'生而知之'，这句话错啦！大家要记住：知之为知之，不知为不知，是知也！"

说罢，顺口吟出小诗一首：

登山望沧海，茅塞豁然开；
圣贤若有错，即改莫徘徊！

故事微语

自责，普遍存在于都市人之中。譬如，爱走极端的人，爱用极端的词汇评价或总结自己。它们可能反映了非黑即白的思想，但事实上通常没有那么绝对。又譬如，你习惯于为自己制定非常高的工作标准，常常害怕对自己更加宽容后，自己会一事无成，其实对自己不宽容才更有可能导致一事无成。

一个凡事过于苛刻的人，自责或多或少都是一种生活方式。每当消极的自我观念被经历的事情证实时，就会责备自己，垂头丧气地告诉自己应该做得更好。不肯放过每一个微小的弱点或错误，会因为所有应该做但没有做的事情而责备自己，也为所有不该做但做了的事情责备自己，甚至还会因为自己过于苛刻而责备自己。其实这都是不必要的。

一件事究竟能做到多好，没有一个标准答案；一个人能做到多优秀，更是没有限定的。所以，如果没有达到理想中的目的，可以试图去寻找原因，而不要盲目过分地自责。假使真的是自己失误，也应当采取积极的自责。

心灵箴言

反省是一面莹澈的镜子，它可以照见心灵上的玷污。

——[苏联] 高尔基

批评，这是正常的血液循环，没有它就不免有停滞和生病的现象。

——[苏联] 奥斯特洛夫斯基

一个人应当摒弃那些令人心颤的杂念，全神贯注地走自己脚下的人生之路。

——[英] 斯蒂文森

要找出时间来考虑一下，一天中做了些什么：是正号还是负号。假如是正号很好，假如是负号，那就采取措施。

——[保加利亚] 李米特洛夫

在内心平稳的状态下进行自责

故事话题

凯文·卡特是一位杰出的南非新闻摄影家。

1993 年，为拍摄遍地饿殍的苏丹叛乱活动，凯文·卡特赶到北部边境。在伊阿德村旁一片灌木丛边，他听到一声微弱的哭泣。于是他停下脚步，屏住呼吸，侧耳倾听。这时，凯文·卡特发现一个黑人小女孩。小女孩十分瘦弱，瘦弱得双腿几乎不能支撑她的身体。黑色孩子在黑色大地上艰难爬行。静止像一块黑泥土，蠕动像一只黑蜥蜴。动亦黑，静亦黑，黑孩子的灵魂几乎染黑非洲的阳光和风。

凯文·卡特选好角度预备拍照。这时，远处飞来一只鹰。鹰在距离小女孩大约二十米的地方落下，凶狠阴险地觊觎着孩子，准备撕碎她。

凯文·卡特拍下这个黑色的惨烈。

赶走鹰，目送孩子远去。之后，凯文·卡特拥抱一棵大树号啕恸哭。

这张照片获得 1994 年普利策新闻摄影奖。

凯文·卡特走上领奖台。就在接过那尊奠定事业成就的金杯之一瞬，他突然想到照片中的小女孩。几乎同时，他仿佛听到全世界都发出雷鸣般的质问：那个小女孩呢？

赶回非洲，赶回伊阿德村边那片灌木丛——可是，除了黑色的记忆，那里还能留下什么呢？

遍寻孩子未果，凯文·卡特在他拥抱的大树下自杀了。他负疚没有拯救孩子。他愧怍艺术的荣誉来自欣赏苦难。

那一天，是 1994 年 7 月 27 日。

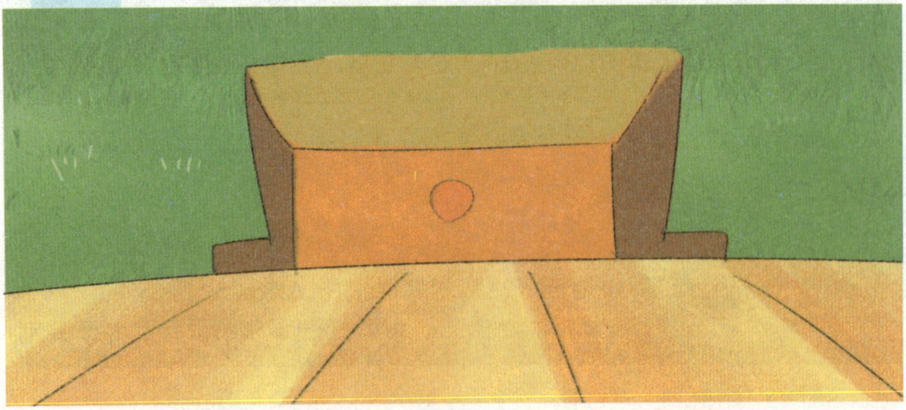

故事解析

美国著名哲学家威廉·詹姆斯说：“能够接受发生的事实，就是能克服随之而来的任何不幸的第一步。”

所以，一旦你失败了，就要注意以下几点：

首先，把已经发生的一切都看成是正常的，要勇敢地承认现实，接受现实；其次，不要因此后悔不已。切记，世上没有卖“后悔药”的，我们谁也不能再改变过去；再次，不要因此痛责自己，一定要学会原谅自己，为自己找出失败的“借口”，也就是你失败的“原因”，在接受教训的同时开脱自己。

然后，不要因此否定自己。这是许多失败者在失败时爱犯的通病，自己身上本有一点不是，就把自己看得一无是处。而你越是在失败时，就越是应当从自己身上找出更多的优点才是；最后，忘掉以往所有的过失，切莫再揭过去的“伤疤”，总结经验教训，避免再犯类似错误，以及少犯其它错误，使失败对你变得有价值。这正如卡耐基先生所说的：“唯一可使过去错误有价值的方法，是很平静地分析我们过去的错误，而由错误中得到教训。”

故事穿越

在比利时，一天深夜，天黑又有雾，尽管有路灯，但能见度仍很差。一位男子驾车从外地返回布鲁塞尔，当临近家时，汽车刚从快车道进入慢车道，就听到“咔嚓”一声，他以为汽车出现了故障，赶快停了车，一检查发现右侧反光镜碎了。他往回走了五六十米，看见一辆小汽车停靠在路边，左侧的反光镜也碎了。这辆车的车头超出停车线二三十厘米。

他想，他毕竟是停着的，责任应在我。环顾四周，不见一人，便在路灯下写了一张小纸条，压在小红车的雨刷下。纸条上写明了自己的姓名、电话，并希望车主与他联系。

事隔三天，一位陌生男子给他打来电话，原来是小红车的主人。

“对不起，我不小心把你的汽车反光镜碰坏了。”他说。

“没关系，已经换好了。”

“我向你表示歉意，请你把地址告诉我，我把钱寄过去。”

“不用了，没几个钱，我也有过错。”

“这是应该的，这些费用应该由我来支付。”

“不，人与人之间有比金钱更重要的东西，你勇于承担责任，使我感动，我是向你表示感谢的。”说完陌生男子放下了电话。

故事微语

有些时候，自责与否，直接关系到解决问题的进程与成败。

假如在生活或工作中，都各自从自身找原因，那么所有的纠纷、矛盾、不合，就会很快得到圆满的解决。反之，如果我们遇事的第一反应，总是把矛头指向别人，挑别人的不是，那么我们每天只会看到，有人因自行车相碰，而打得头破血流；有人因两汽车相擦，而闹得不可开交；有人因工作出错而相互指责、互不相让。

不和谐的社会环境，于我们都是不利的，会影响我们的心情，而影响到心情，就会对生活产生诸多负面影响，除此之外，还会波及到我们身边的人。所以，我们需要学会一种本事，一种冷静的本事，只有平稳状态下的自责，才是理智的。

心灵箴言

自我批评，这是一所严酷的培养良心的学校。

——[法] 罗曼·罗兰

自我批评也就是最严格的批评，而且也是最有益的。

——[苏联] 高尔基

赴汤火，蹈白刃，武夫之勇可能也；克己自胜，非君子之大勇，不可能也。

——杨时

作为批评的接受者，当遇到别人批评时，我们必须比那些批评我们的人更有自制力。

——[美] 帕蒂·哈瑟薇

只做“有用”的自责

故事话题

一位年轻人去看医生，抱怨生活无趣和工作压力的永无休止，内心近乎麻木。诊断后，医生证明他身体毫无问题，却觉察到他内心深处有问题。

医生问年轻人：“你最喜欢哪个地方？”

“不知道！”

“小时候你最喜欢做什么事？”医生接着问。

“我最喜欢海边。”年轻人回答。医生于是说：“拿这 3 个处方到海边去，你必须在早上 9 点、中午 12 点和下午 3 点分别打开这 3 个处方。你必须同意遵照处方，除非时间到了，否则不得打开。”

这位身心俱疲的年轻人拿着处方来到了海边。他抵达时刚好接近 9 点，独自一人，没有收音机、电话。他赶紧打开处方，上面写道：“专心倾听。”他开始用耳朵去倾听，不久就听到以往从未听见的声音。他听到波浪声，听到不同的海鸟叫声，听到沙蟹的爬动，甚至听到海风低诉。

一个崭新、令人迷恋的世界向他展开双手，让他安静下来，他开始沉

思、放松。中午时分他已陶醉其中，他很不情愿地打开第二个处方，上面写道：“回想。”于是他回想起儿时在海滨嬉戏，与家人一起拾贝壳的情景……怀旧之情汨汨而来。近3点时，他正沉醉在尘封的往事中，温暖与喜悦的感受使他不愿去打开最后一张处方。但他还是拆开了。

“回顾你的动机。”这是最困难的部分，亦是整个“治疗”的重心。他开始反省，浏览生活工作中的每件事、每一状况、每一个人。他很痛苦地发现自己很自私，他从未超越自我，从未认同更高尚的目标、更纯正的动机。他发现了造成疲倦、无聊、空虚、压力的原因。

故事解析

自责，有些时候或许是有用处的，因为它能帮助我们认识自己、改变行为；但自责也很可能是有害的，它可能是一种应激障碍典型的症状。自责究竟是好是坏，我们首先需要放下的是“非对即错”、“非黑即白”的二元思维，毕竟生活中很多事情是不能简单地用对错加以衡量的，一切都需视情形而定。

我们要学会意识到“自责”的存在。许多时候，我们感到难过，我们或许能强烈地感受到身体上的不舒服，但却未必能意识到那个时刻我们头

脑中在想什么。原因就在于，我们的思维久而久之常常会成为一种习惯，也叫做“自动自发”，这个时候如果我们没有主动去注意自己思维的话，根本无法觉察到自己在想什么。

当意识到存在“自责”的时候，我们不妨问问自己：“自责给我带来了什么帮助?”如果自责有助于我们改善人际，有助于我们避免自我伤害，甚至有助于自我成长，那么这种自责就是“积极的”，也就是有意义的。反之则是“无功能的”，或者说是“消极的”，有害的。

故事穿越

日本保险业泰斗原一平在27岁时进入日本明治保险公司开始推销生涯。当时，他穷得连中餐都吃不起，并露宿公园。

有一天，他向一位老和尚推销保险，等他详细说明之后，老和尚平静地说：“听完你的介绍之后，丝毫引不起我投保的意愿。”

老和尚注视原一平良久，接着又说：“人与人之间，像这样相对而坐的时候，一定要具备一种强烈吸引对方的魅力，如果你做不到这一点，将来就没什么前途可言了。”

原一平听后哑口无言，冷汗直流。

老和尚又说：“年轻人，先努力改造自己吧！”

“改造自己？”

“是的，要改造自己首先必须认识自己，你知不知道自己是一个什么样的人呢？”老和尚又说：“你替别人考虑保险之前，必须先考虑自己，认识自己。”

“先考虑自己？认识自己？”

“是的，赤裸裸地注视自己，毫无保留地彻底反省，然后才能认识自己。”

从此，大彻大悟的原一平开始努力认识自己，改善自己，终于成为一代推销大师。

故事微语

克服自责的第一步是要学会注意你常在什么时候责备自己，观察它对你的情绪及生活方式的影响。

当你责备自己时，你所感受到的情绪可能不同于你所预感的那样，会出现焦虑、恐惧、害怕和恐慌，更可能会感到耻辱、悲伤、尴尬、对自己失望、生自己的气，甚至会变得忧郁、绝望。这时，用笔和纸记录下所思所想。

为什么非要白纸黑字记下来，而不是在自责的想法出现时只是把它记在脑子里？

心理学家认为："如果你不把它记下来，就意味着它没有发生过。"书面实录可以促使你注意到在自我感觉很差时你脑子里面在想些什么，更加清楚地了解这些想法是怎样影响了你的生活，怎样形成了自责的恶性循环。

不久你会发现，同样的或相似的自责一遍又一遍地重复出现。几天之后，你将会对情绪的变化以及产生这种变化的自责更加敏感。你在脑子里一定要有这样一个观念，即这些想法只不过是一种看法或一个旧的习惯，而不是你为人的真实反映。这样，你就可以在开始系统地对它们提出质疑之前远离困惑。

心灵箴言

反躬自省是通向美德和上帝的途径。

——[英] 瓦茨

以人为鉴，明白非常，是使人能够反省的妙法。

——鲁迅

庸才之所以平庸就是因为他们的思想愚昧而固执。

——[美] 爱默生

反省是一面镜子，它能将我们的错误清清楚楚地照出来，使我们有改正的机会。

——[德] 海涅

放弃固执，坦然面对一切

故事话题

一个男孩借给同学 20 美金，此后他的同学一见到他就跑，边跑边说“抱歉，今天不行，过两天我就还你”。每次都是这样，一直拖了很久，弄得这个男孩很恼火。于是他把这件事告诉了一直照顾他的老大。

老大问他那个同学有没有能力偿还，他说没有。老大又问他那个同学是不是他的朋友，他说那个同学很讨厌，他并不喜欢，不算朋友。之后，老大告诉他：“首先，错误在你。你不该把钱借给你不了解的人。其次，你考虑问题的思路不对，你用这 20 块钱就能永远摆脱这个你不喜欢的人，难道不值吗？”

听完这段话，那个男孩恍然大悟。

故事解析

固执是每个人都有的，生活给人们带来了很多压力，面对与日俱增的压力，人们心中的积怨很多，但归根结底，都是由于人们的固执己见造成的。不要说自己受过教育、素质高、对人很宽厚，那只是片面的表象，实际上每个人都会有固执的一面，而且一旦固执起来会很难改变。

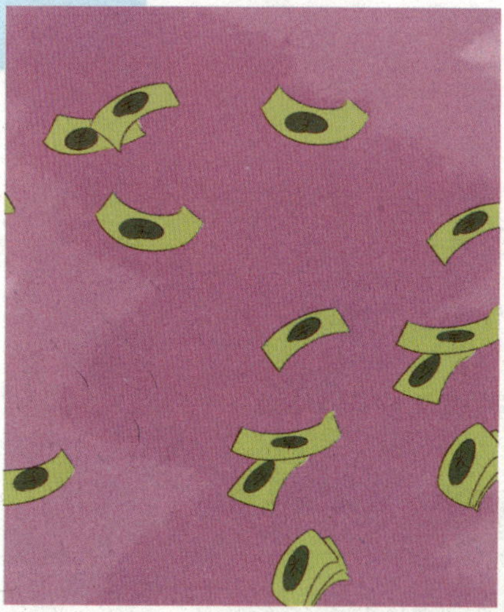

固执是一种心理疾病。一个人的健康不光是身体的健康，更重要的是心理没病。如果意识到自己的心理有“疾病”，最好的办法就是要学会放弃，放弃固执己见，解脱自己。

首先，放弃自己一直坚持的意见与观点。无论什么事，如果你在前进的道路上走得很艰难，不妨自检一下自己一直以来坚持的意见和观点。试着放弃它们，俗话说：退一步海阔天空，如有差错还会有弥补的机会，重新回头也会有更大的动力。

其次，搞明白为何坚持立场反而令自己付出了代价，想想事实上的迁回战术，什么事情都不要硬对硬地交锋。即使你以强硬取得了胜利，退下阵来也会感知遍体鳞伤的伤害。任何矛盾都是人制造出来的，有伟人断言与人打交道是最麻烦的事。此种状况，以退为进不是更好吗？

再次，确定你的回报是否值得你为坚持自己的立场而付出代价。

总而言之，在工作方面，固执是一种执着、坚持，是一种韧性，具备了这种特质，可以在自己的事业上有所成就。而在感情方面，固执则是一种霸道、无理，是一种伤害。感情生活中一旦双方都固执己见，互不相让，那么，彼此之间的关系就会遭遇“危机”。

故事穿越

在一个池塘里住着一条小鱼。他有一个好朋友，是一只蝌蚪。这条小鱼和蝌蚪总是在一起游泳，一起找食物，一起玩。

一天早上，小鱼吃惊地看见在蝌蚪尾巴的两边长出了一对腿。小鱼问蝌蚪为什么他会有腿，小蝌蚪说，因为他不是鱼，长大后会变成青蛙，要生活在陆地上。小鱼不相信，于是，小蝌蚪只好让时间来证明真相。

一晃就是三天，小鱼再没见到过小蝌蚪，内心十分担忧。几天以后，蝌蚪又出现了。小鱼非常高兴，可是他又吃了一惊，蝌蚪又长出了一对腿，尾巴也变短了。

小鱼问他这些天都去了哪里，于是小蝌蚪就将陆地上的精彩故事，以及自己的新朋友们介绍了一遍。但一眨眼的工夫，小蝌蚪又游走了。小鱼独自留在池塘里，最后变成了一条大鱼。

一天，当这条鱼在池塘里寻找食物的时候，一只青蛙跳进水里，那就是鱼的老朋友。看到朋友，鱼非常高兴。他们一直聊到晚上，鱼越来越羡慕青蛙，也想去陆地上看一看。

第二天早上，鱼在寻找食物时，忽然看见水面上飞鸟的倒影。他太想看看鸟了，于是鼓起勇气试着跳到河岸上，但是在他睁开眼睛之前，他已经喘不过气了，他开始呻吟起来。

幸运的是，恰好在周边找食物吃的青蛙看到了大鱼，他马上跳到奄奄一息的鱼身边，一刻也不敢耽搁，用力把大鱼拉进池塘里。鱼一进水，立刻苏醒了。他很惊讶，问青蛙发生了什么事。

青蛙微笑着说："我跟你说过，你不能到陆地上去。不管你是在陆地上还是在水里都没关系，一切都是美好的，为什么你不愿意听我的话！"

"可是只呆在这儿我觉得不满意。"鱼继续说。

"你应该满足了，"青蛙劝鱼说："没有多少生命能像你一样呆在水里。"这时，鱼笑了，高兴地在水草间游来游去，他明白了青蛙朋友说的都是真的。

故事微语

执拗，是一种性格，形容一个人任性倔强，固执己见，油盐不进，钻牛角尖儿。执拗的人通常只认死理儿，听不进他人的不同意见，是典型的“不撞南墙不回头，醉死不认那壶酒钱”。

随和，就是和顺，不固执任性，支持和附和他人的意见，常常用来形容一个人个性不张扬，语言不强烈，不具攻击性。“这个人特别的随和”，往往是一句赞扬和肯定的话，说明一个人性格柔和稳定，容易沟通相处。

在现实社会中，在我们生活工作的环境中，执拗与随和的人多有存在，一个个性格鲜明，栩栩如生。

过分执拗的人，往往是一个刚愎自用的、难以合作的人，容易与他人产生矛盾。因为他们不知道倾听别人的意见，不懂得站在对方的角度思考问题，也不知道照顾他人，体恤他人，顾及他人。而且，明明知道对于一个事物的理解和判断上，已经得到客观现实的验证，证明他人是正确的，也会因为执拗的性格，拒不承认自己的错误，甚至是继续地固执己见，一条胡同走到黑，意气用事。

随和与执拗有着几近相反的涵义，即是一种性格，也是一种处世。随和，因其中庸与平和的表现，是一种境界，一种智慧，一种心境，一种修养，甚至可以说是一种品德。随和，不但是个人内心的素养，也与一个人的社会地位、人生境遇、生活条件和富裕程度有着一定的关联，与个人精神的物质的满足有着基本的联系。如果一个人，每每生活在贫穷困苦之

中，精神生活贫乏，是难以做到随和的。贫穷和贫乏，必定充满生存的压力，只能产生不平和暴戾，产生私欲和攻击，产生感叹和抱怨，产生压抑和扭曲。

人们都喜欢随和的人，与这样的人相处，没有争执，没有压力，没有攻击，没有提防。因为我们的感觉和生活，因为人生处处的不如意，要想达到随和的境界，是一件不容易的事，而且要做到性格安稳，善于沟通，善于换位思考，善于欣赏别人，还需要良好的修养、淡泊的心境和与人为善的品质。

心灵箴言

提防别人不如提防自己，最可怕的敌人就藏在自己心中。

——[比利时] 斯帕克

走上人生的旅途吧。前途很远，也很暗。然而不要怕，不怕的人面前才有路。

——鲁迅

不要让骄傲支配了你们。由于骄傲，你们会在该同意的时候固执起来；由于骄傲，你们会拒绝有益的劝告和友好的帮助；而且，由于骄傲，你们会失掉客观的标准。

——[俄] 巴甫洛夫

不受“坏嘴巴”的干扰

故事话题

师傅打发他的年轻弟子到集市上买东西。弟子回来后，满脸不高兴。师傅便问他：“到底发生了什么事，你这么生气?”

“我在集市里走的时候，那些人都嘲笑我。”弟子撅着嘴说。

“为什么呢?”

“他们笑我个子矮，可他们哪里知道，虽然我长得不高，但我的心胸很大呀。”弟子气呼呼地说。

师傅听完弟子的话后，什么也没说，只是拿着一个脸盆与弟子来到附近的海滩。

师傅先把脸盆盛满水，然后往脸盆里丢了一颗小石头，这时，脸盆里的水溅了出来。接着，他又把一大块大一些的石头扔到前方的海里，大海没有任何反应。

“你的心胸很大，是吗？可是，为什么人家只是说了你两句，你就生那么大的气，就像被丢了颗小石头的水盆，水花到处飞溅。”

弟子恍然大悟。发现自己的心胸太小太小了，人家只说一句“个子小”，自己就受不了，其实想想看，“个子小”好处很多：机动灵活，每次排队都排第一，看什么都最清楚。这样一想，心胸就扩大了。

一个人才能高低、贡献大小，并不在于个子高矮。世界音乐大师贝多芬，并不因为自己个子矮而影响他在音乐上的伟大贡献。所以自己相信自己，自己瞧得起自己是最重要的。

故事解析

看透事情，你就明白该如何进行；看透人情，你就明白该如何相处。所以，只要用点心，其余只是接受。要做到不去在意他人的言语是很困难的。嘴巴是别人的，人生是自己的。

快乐是纯粹自然的产物，是自己百分百支持自己、肯定自己的礼物。

没有了自我，一切的快乐都是虚伪的。即使人家批评你、否定你、攻击你，也不代表你真的应该被否定，唯一能否定你的人，只有你自己。

总之，嘴巴是别人的，人生是自己的，有习惯被人家嘴巴“虐待”的人，需用左脑右脑想一想：为什么自己要当人家嘴巴的奴隶，为什么要如此地在意别人的看法呢？只要能够想通，我们就拥有快乐的自主权了。通俗一点说：穿对方的鞋，才知道痛在哪里。

其实，世界美不美，生活好不好，关键在于你能否走出“关”着自己的小屋。消极，封闭自我，生命就会长满荒芜；积极，热爱生活，即便沙漠也会成为生命的绿洲。

故事穿越

约翰曾经是一个小有名气的演员，因为他拍了一则很成功的广告，所以他踏进了演艺圈，很多人上门找他拍戏。一时间，他的演艺前途颇被看好。不过，约翰很快就发现现在的这些并没有让自己感觉很快乐。两年之后，他离开了演艺界。

这是因为约翰发现演艺事业并不适合自己，他讨厌每天装出一副很开心的样子，他一心想找出未来的方向。约翰常常在天黑之后，一个人跑到海边钓鱼、发呆。有一天，他独坐海边，远远地望着对岸市区的灯火，心里突然有一个声音出现：“我这是在干什么，难道一辈子老死在这里，无所事事？不如去开餐厅吧。”

于是约翰立即在脑海中搜索，从小到大自己最喜欢的事是什么？“吃”是约翰认为最有意义的事，他一向是家里的烹调高手，没事儿时可以一整天待在厨房里“研发”。后来，他将自己的想法跟实践告诉了亲朋好友们，但是遭到了一阵嘲讽，大家都劝他放弃，毕竟是演员出身，有过光环，怎么可以转身变做饭的呢？

可是约翰听不进去，他决定坚持自己的梦想。看他这么投入，朋友忍不住问他为何要那么辛苦，约翰回答说因为这是他的最爱，所以，无论如何都会坚持下去，并且乐在其中。

故事微语

简单做人，洒脱自在。简单是一种平淡，却不是单调；简单是一种平凡，却不是平庸。

善待自己，使自己成为最好的，比善待别人更有意义。我们除了学会律己，宽容别人，成全别人之外，还要学会成全自己，宽容自己，给自己更多的时间和空间，来不断发展和完善自己。这样，你才生活得充实，幸福。

心情有时如一棵树，快乐是笔直的树干，春天来时，抖抖快乐的枝干，那些枯黄的树叶和愁云便会纷纷扬扬地掉落。春天来时，抖抖快乐的枝干，生活便会展开美丽的笑颜。一份好的心情，不仅仅可以改变自己，同时更会感染他人，如果你想做一个快乐的人，那么，你一定要保持18岁的心情。

故意去找寻快乐，往往找不到，反而会带来空虚和烦恼。但有时在有意无意之间，愉快的事情却像不速之客，突然到来，令人捉摸不透。做一件好事，完成一件有难度的工作之后的满足感，都会使人乐在其中。

心灵箴言

经常地、自觉保持平衡，实际上就是计划性。

——[苏联] 列宁

青年人往往自视聪明，就象醉汉自觉清醒一样。

——[英] 切斯特菲尔德

理解和熟记结合得越好，知识就会获得越自觉。

——[苏联] 苏霍姆林斯基

理智是一切力量中最强大的力量，是世界上唯一的自觉活动着的力量。

——[苏联] 高尔基

第三篇

认可自己：正视不忘粗心的细腻情怀

相信自己，才能大胆尝试，接受挑战。在尝试中，或许会有失败和错误。如果我们相信爱迪生所说的“没有失败，只有离成功更进一点儿”，那么，对于前进过程中的问题、困难乃至失败，我们就能从容应对，不断增强实力。而实力，才是撑起信心最重要的支柱。

承认“缺点”这个客观存在

故事话题

世界级的伟大科学家爱因斯坦，一直为他“一生最大错事”而愧疚。爱因斯坦究竟做错了什么事？

1917 年，也就是他创立广义相对论的第二年，为了解释稳恒态宇宙学问题，爱因斯坦和荷兰物理学家德西特各自独立进行此项工作的研究。他们发现引力场方程的宇宙解是动态的而不是静态的。也就是说宇宙要么膨胀，要么收缩。由于物理直觉上的偏见和数学运算上的失误，爱因斯坦决不放弃静态宇宙的概念，为求得一个静态的宇宙模型解，不惜在方程中引进一个“宇宙项”。这个结论在当时既符合宇宙学原理，又符合已知的观测事实。然而，1922 年，美国学者弗里德曼求出了这个方程的另一个动态解；1927 年比利时学者勒梅特也独立求得同一解。从数学角度证明，宇宙不是静态的，而是均匀地膨胀或收缩着。然而，爱因斯坦仍然不肯接受这个结果，坚持他的静态宇宙模型观。

两年后，美国天文学家哈勃根据远距星云的观测，发现远距恒星发出的光谱线有红移现象，离地球越远的恒星光谱线红移越大。这说明恒星在远离地球而去。哈勃的发现支持了弗里德曼等人的动态宇宙模型，也改变

了爱因斯坦对宇宙的看法。爱因斯坦把坚持静态宇宙模型的失误称为他“一生中最大的错事”，并收回了对弗里德曼等人的批评。

后来，在他 70 岁生日之时，还向好友索洛文表示：“我感到在我的工作中没有一个概念是很牢靠地站得住的，我也不能肯定我所走的道路一般是正确的。”这句话在很大程度上包含了他在 1917 年的这次失误。

故事解析

一位举世闻名的伟大科学家能勇于承认自己的失误，谦虚地回顾自己已被世人承认和称颂的成就，说明了爱因斯坦实事求是，尊重科学的坦荡胸怀。这也正是爱因斯坦能取得伟大成就的原因之一。

要知道，人无完人。要学会看到“白纸”，而不只认识“黑点”。欣赏别人，欣赏自己，会发现生活中处处有美景。上帝既然赋予我们两只眼，就要能看到美好，如果是满眼的“黑点”，那就该查看自己的心境了。

故事穿越

一个漂亮女生在同学聚会上喋喋不休地咒骂自己的东家是个吹毛求疵的胖老太太，跟她相处压力太大。正说着，一个胖女生走过来，轻声问她："如果你想辞职，能否把照顾那位法国老太太的工作让给我？"漂亮女孩一听，立即答应了，她求之不得呢。

后来，谁也没想到，短短几个月的时间，胖女孩和老太太就成了其乐融融的一家人，而且老太太还动员她在法国的社会关系，让她到法国去深造。不久，胖女孩获得了法国一所大学的正式邀请，还获得一笔学习资金。来年春天，她就可以赴法国学习了。

对此，胖女孩解释说，刚开始的一个月，她也是经常挨训，几次差点哭出声来。但当她审视自己时，却脸红了。老太太批评她走路姿势不对，她回家一照镜子，果然发现了很别扭；老太太说她坐姿不对，她下意识地观察自己的坐姿，发现自己坐下时，双腿没有合拢，真的很不雅观；老太太说她眼神不对，她偷偷对着镜子观察时，她看人的时候，有一点点斜视……其实，老太太说的一切都是对的。只是因为自尊心的原因，她在心里排斥批评。

后来，胖女孩还知道了老太太的一些身世，她出生在里昂城一个贵族家庭，从小就接受了上层社会的良好教育，是那种处世极有条理，生活极其精致的人。

自从她知道自己的缺点后，她对老太太刻薄的批评有了全新的理解。此后，每当老太太提出批评时，胖女孩就开始努力改正。她还阅读了大量的资料，了解法国人的一些生活习俗和禁忌。

老太太生日那天，胖女孩花了几个小时为老太太做了一道法国传统菜——烤牛排。当胖女孩捧着香喷喷的烤牛排，祝她生日快乐时，老太太突然流泪了。

这时的胖女孩已经变得跟以前不一样了，她的神态变得安静了，她的气质变得优雅了，还有她的法语发音，她说话的神态，她的眼神……有一次，老太太的女儿带着欣赏的眼神，看着胖女孩，由衷地说“你真优雅，很迷人。”

故事微语

人就像一株含羞草，一遇上外界的小小侵犯，就会把自己重重保护起来。其实，如果换一种角度，换一种思维去理解，这刻薄的、但又精致的老太太就是自己的一位生活指导老师，在批评面前，你所选择的只能是：你是否愿意改变自己，是否愿意承认自己的缺点。成功者对自身的不足有一种坦然的态度,他不担心别人会怎样看待自己,因而他能坦诚地承认自己的错误与不足,而不是回避、否定和遮掩。

他能正视自己的缺点，努力改正自己，吸取别人的优点。这种自信、坦诚的人又怎么会把心理能量放在掩饰、防御、维护脆弱的自尊上呢？这种人会把精力用在学习和工作上，所以说能承认和正视自己缺点的人是最优秀的人。

有句话说得很好："学习别人的缺点会使自己变成废品，学习别人的优点会使自己变成精品。"既能学习别人优点，又能承认自己缺点，改正缺点的人，不就是精品中的精品吗？所以说能正视自己缺点的人，就能改正自己的缺点，变成一个优秀成功的人。

心灵箴言

自负是平庸性格的补偿，蠢人自我止痛的麻醉剂。

——佚名

人的真正伟大之处，就在于他能够认识到自己的渺小。

——[罗马] 约翰·保罗

只有那些晓得控制他们的缺点，不让这些缺点控制自己的人才是强者。

——[法] 巴尔扎克

毫无缺点的人显然是不存在的，因为他无法在这个世界上找到一个朋友，他似乎属于完全不同的物种。

——[英] 赫兹里特

没有十全十美，也没有人不可或缺，每个人都有这种或那种弱点。当他失败时，这种弱点将会缓解他的沉痛之情。

——[法] 拉布吕耶尔

听内心的指引，走一条想走的路

故事话题

布朗是美国一位最成功的电影制片家，先后被3家公司革职，才体会到大机构生活对他的限制。他在好莱坞晋升为20世纪霍士公司第二号人物，后来建议摄制《埃及艳后》，不料这部影片卖座奇惨。接着公司大裁员，他也被裁掉了。

在纽约，他在新阿美利坚文库任编纂部副总裁，但是几位股东延聘了一位局外人，而他和这人意见不合，于是又被开除。

回到加州，他又进了20世纪霍士公司，在高层任职6年，不过董事局不喜欢他所建议拍摄的几部影片，他又一次被革职。

布朗开始仔细检讨自己的工作态度。他在大机构做事一向敢言、肯冒险，喜欢凭直觉处事。这些都是当老板的作风。他痛恨以委员会的方式统筹管理，也不喜欢企业心态。

分析了失败的原因之后，布郎自立门户，摄制《大白鲨》《裁决》《天茧》等影片。布朗并不是一位失败的公司行政人员，他天生是个企业家，过去一直没有发挥潜力而已。

故事解析

入错了行你可能说不上是完全失败。你可能只是受了配合不当之累，成功有赖于你能使才干、兴趣、个性、风格和价值观念配合你的工作。

任何人在成功之前，都是默默无闻的，普通得犹如大海里的一滴水。如果你保持一种平稳的心态，别忘了为自己喝彩，多给自己一点信心，并无怨无悔地坚持下去，那么总有一天你会成功。

故事穿越

有一次芝加哥大学校长罗勃·梅南·罗吉斯在谈到如何获得快乐时说："我一直试着遵照一个小的忠告，这是已故的西尔斯公司董事长裘利亚斯·罗山渥告诉我的。他说：'如果有个柠檬，就做柠檬水'。

这是聪明人的做法，而傻子的做法正好相反。傻子会发现生命给他的

只是一个柠檬，他会自暴自弃地说：‘我垮了。这就是命运。我连一点机会也没有。’然后他就开始诅咒这个世界，让自己沉溺在自怜自悯之中。可是当聪明人拿到一个柠檬的时候，他就会说：‘从这件不幸的事情中，我可以学到什么呢？我怎样才能改善我的情况，怎样才能把这个柠檬做成一杯柠檬水呢？’”

伟大的心理学家阿佛瑞德安德尔说，人类最奇妙的特性之一就是“把负变为正的力量”。当一位快乐的农夫买下一片农场时，却觉得非常沮丧。因为那块地既不能种水果，也不能养猪，能生存的只有白杨树及响尾蛇。但他想到了一个好主意，他要利用那些响尾蛇。他的做法使每一个人都很吃惊，他开始做响尾蛇肉罐头。

不久，他的生意就做得非常了得。这个村子现在已改名为响尾蛇村，是为了纪念这位把有毒的柠檬做成了甜美柠檬水的先生。哈瑞·艾默生·福斯狄克把这句话又重说了一遍：“快乐大部分并不是享受，而是胜利。”

故事微语

不错，这种胜利来自于一种成就感，一种得意，也来自于我们能把柠檬做成柠檬水。

我们愈研究那些有成就者的事业，就愈加深刻地感觉到，他们之中有非常多的人之所以成功，是因为他们开始的时候有一些阻碍他们前进的缺陷促使他们内心的目标更加清晰，思路更加明确，他们通过加倍的努力获取更多的报偿。正如一些残疾人所说的：“我们的缺陷对我们有

意外的帮助。”

不错，也许弥尔顿就是因为瞎了眼，才写出惊世的诗篇，而贝多芬可能正是因为聋了，才谱出不朽的曲子。

“如果我不是有这样的残疾，我也许不会做到我所完成的这么多工作。”达尔文坦白承认他的残疾对他有意想不到的帮助。

如果我们能够做到，我们应该把只有一条腿的威廉波里索的这句话刻在铜牌上：“生命中最重要的一件事，就是不要把你的收入拿来作资本。任何傻子都会这样做，但真正重要的事是要从你的损失里获利。这就需要有才智才行，而这一点也正是一个聪明人和一个傻子之间的根本区别。”

所以，当命运交给我们一个柠檬的时候，让我们试着去做一杯柠檬水，让内心的声音引领我们迈向争取的道路，义无反顾。

心灵箴言

我们应该有恒心，尤其要有自信心。

——[法] 居里夫人

古之立大事者，不惟有超世之才，亦必有坚忍不拔之志。

——苏轼

一个人除非自己有信心，否则不能带给别人信心；已经信服的人，方能使人信服。

——[美] 麦修·阿诺德

任何人都应该有自尊心、自信心、独立性，不然就是奴才。但自尊不是轻人，自信不是自满，独立不是孤立。

——徐特立

任何人都有优秀的一面

故事话题

古希腊的大哲学家苏格拉底在临终前有一个不小的遗憾，他多年的得力助手，居然在半年多的时间里没能给他寻找到一个最优秀的关门弟子。

苏格拉底在风烛残年之际，知道自己时日不多了，就想考验和点化一下他的那位平时看起来很不错的助手。他把助手叫到床前说：“我的蜡所剩不多了，得找另一根蜡接着点下去，你明白我的意思吗？”

“明白，”那位助手赶忙说，“您的思想光辉是得很好地传承下去。”

“可是，”苏格拉底慢悠悠地说：“我需要一位优秀的承传者，他不但要有相当的智慧，还必须有充分的信心和非凡的勇气，这样的人选直到目前我还未见到，你帮我寻找和发掘一位好吗？”

“好的、好的。”助手很温顺很尊重地说：“我一定竭尽全力地去寻找，以不辜负您的栽培和信任。”

苏格拉底笑了笑，没再说什么。

那位忠诚而勤奋的助手，不辞辛劳地通过各种渠道开始四处寻找了。

可他领来一位又一位，都被苏格拉底婉言谢绝了。

有一次，当那位助手再次无功而返地回到苏格拉底病床前时，病入膏肓的苏格拉底硬撑着坐起来，抚着那位助手的肩膀说：“真是辛苦你了，不过，你找来的那些人，其实还不如你……”

“我一定加倍努力，”助手言辞恳切地说，“找遍城乡各地、找遍五湖四海，我也要把最优秀的人选挖掘出来、举荐给您。”

苏格拉底笑笑，不再说话。

半年之后，苏格拉底眼看就要告别人世，最优秀的人选还是没有眉目。助手非常惭愧，泪流满面地坐在病床边，语气沉重地说：“我真对不起您，令您失望了！”

“失望的是我，对不起的却是你自己，”苏格拉底说到这里，很失意地闭上眼睛，停顿了许久，才又不无哀怨地说：“本来，最优秀的就是你自己，只是你不敢相信自己，才把自己给忽略、给耽误、给丢失了。其实，每个人都是最优秀的，差别就在于如何认识自己、如何发掘和重用自己……”话没说完，一代哲人就永远离开了他曾经深切关注着的这个世界。

为了不重蹈那位助手的覆辙，每个向往成功、不甘沉沦者，都应该牢记先哲的这句至理名言：“最优秀的就是你自己”。

故事解析

苏格拉底也曾经说过：“每个人身上都有太阳，关键是如何让这太阳发光。”我们要发现身上的太阳，我们要重视自己。记住“最优秀的人就是你自己”，我们要时常对自己说：我就是最优秀的。

优秀是一种习惯。如果说优秀是一种习惯，那么懒惰也是一种习惯。人出生的时候，除了脾气会因为天性而有所不同，其他的东西基本都是后天形成的，是家庭影响和教育的结果。所以，我们的一言一行都是日积月累养成的习惯。

我们有的人形成了很好的习惯，有的人形成了很坏的习惯。到 20 岁左右的时候，我们已经有了自觉意识，已经开始明白什么样的习惯会使我们终身受益。所以我们从现在起就要把优秀变成一种习惯，使我们的优秀行为变成我们的第二天性。让我们习惯性地去创造性思考，习惯性地去认真做事情，习惯性地对别人友好，习惯性地欣赏大自然。

故事穿越

有一位推销员，不论他怎么努力，做出来的业绩都是公司最差的。因此，他整天工作没有一点精神，导致后来的业绩越来越差。颇有些破罐子破摔的嫌疑。

后来，一位推销大师给他开了一剂良方：你每天出门之前对自己说三遍“我是最优秀的推销员”。

后来这位推销员照着去做了，果然他的业绩越来越好，最后居然成为全公司的推销冠军。

惊讶的同事们在公司的一次大会上问他原因，他红着脸说：“因为我是最优秀的推销员。”简单的一句话可以改变一个人，拥有了自信，你就会释放出自己身上的潜能。

故事微语

既然上帝让我来到这个世界上，我们就应该相信自己的人生将是精彩的。我们要活出自己的模样，做最优秀的自己。

做最优秀的自己，是以我们自己心中的标杆活着。这个世界太过纷杂，许多标准太世俗，太物质，如果你选择盲从，或者太在意别人的标准，那么你就会逐渐迷失自己，让自己成为物质的奴隶，精神上成为别人的奴仆。

所以，我们需要坚持自己的准则，即使这个社会上的所有人都迷失了自己，我们也要走在自己的道路上，高擎理想的大旗，坚定前行。

做最优秀的自己不是我行我素，不是唯我独尊，而是会冷静地分析，会取其精华、去其糟粕，追求点点改进、滴滴修正，努力地让自己变得更优秀。

心灵箴言

价值产生信心，信心产生热忱，而热忱则征服世界。

——[美] 华特·H·柯亭姆

人所能负的责任，我必能负；人所不能负的责任，我亦能负，如此，才能磨炼自己。

——[美] 林肯

人生下来不是为了抱着锁链，而是为了解开双翼；不要再有爬行的人类。我要幼虫化成蝴蝶，我要蚯蚓变成活的花朵，而且飞舞起来。

——[法] 雨果

别人可以不认可你，但你自己不能

故事话题

一位叫亨利的青年，在他30岁生日这天站在河边发呆，他不知道生活的意义是什么，已经失去了继续活下去的信心。因为亨利从小在收容院里长大，身材矮小，长相也不漂亮，说话又带着浓重的法国乡下口音，所以他一直很瞧不起自己，认为自己是一个又丑又笨的乡巴佬，连最普通的工作都不敢去应聘。

就在亨利徘徊于生死之间的时候，与他一起在收容院长大的好朋友约翰兴冲冲地跑来对他说："亨利，告诉你一个好消息，我刚刚从收音机里听到一则消息，拿破仑曾经丢失了一个孙子。播音员描述的相貌特征，与你丝毫不差！"

"真的吗？我竟然是拿破仑的孙子？"亨利一下子精神大振。联想到爷爷曾经以矮小的身材指挥着千军万马，用带着泥土芳香的法语发出威严的命令，他顿感自己矮小的身材同样充满力量，讲话时的法国乡下口音也带着几分高贵和威严。

第二天一大早，亨利便满怀自信地来到一家大公司应聘。

几十年后，已成为这家大公司总裁的亨利，查证出自己并非拿破仑的孙子，但这早已不重要了。

在一次知名企业家的讲座上，曾有人向亨利提出一个问题："作为一名成功人士，您认为，在成功的诸多前提中，最重要的是什么？"

亨利没有直接回答他的问题，而是讲了这个故事。最后，他说："接纳自己，欣赏自己，将所有的自卑全都抛到九霄云外。我认为，这就是成功最重要的前提。"

故事解析

你也许曾埋怨过自己不是名门出身，你也许曾苦恼过自己命运中的波折，你也许曾叹惋过自己人生中的坎坷。其实，对于一个生活的强者而言，出身只是一种符号，而非成功的必然前提，你又何必为此而斤斤计较。

生活中，人们习惯于把目光投向别处，投给别人，用更多的时间去欣赏别处的风景，去欣赏别人的优点，却往往忽视自己这道风景。我们每个人都是一道亮丽的风景，都有非凡的亮点，都有独特的美点。

有的人五官搭配不太协调，却天生有一副百灵鸟的嗓子；有的人是五等残废，却有一双出神入化的巧手；有的人脑袋光光，却有超人的记忆力；有的人邋里邋遢，却是丹青妙手；有的人貌不出众，却有不俗的文采；有的人身体瘦弱，却能千里追凶。

大自然既然造就了每一个人，就赋予了每个人特有的、不同于别人的容貌、身材、气质和智慧。别人在我们眼里是风景，我们在别人眼里也是风景。所以，我们在欣赏别人的时候，也要静心地欣赏欣赏自己——善于欣赏“自我”是人生的一大智慧。

故事穿越

有一位律师曾跟记者直言不讳地说：“我的确没有追求到我的愿望。”其实这也不足为怪。他从来就没有认真尝试，免得招致失败。只要他不投入，不下定决心，他就总可以对自己说：我反正并不那么重视这件事。

他在一家有名望的法律学院毕业后，加入了美国西海岸一家大商行，希望在娱乐事业部门学得专长，可是不知为何，结果事与愿违。于是他说：“我采取了不冷不热的态度，不违逆资深股东，又不真的去做好工作。”

他搬到东海岸，加入了一家律师事务所。6个月之后，上头示意请他辞职，因为他显得没有朝气蓬勃的干劲。他说：“我才不在乎呢。反正我本来就不喜欢这家律师事务所。”现在，他专做娱乐事业方面的法律事务，但始终不满意。他说：“不瞒你说，这是小生意。”

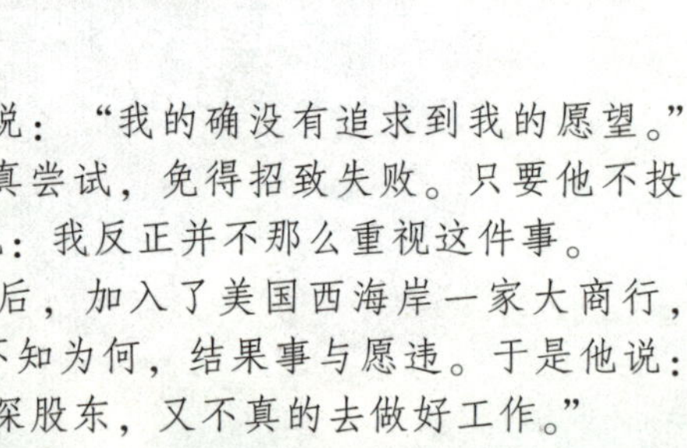

故事微语

妄自菲薄是失败的主因。如果想立志做一件事，甚至希望事事成功，你就一定要相信自己做得到。雇主寻求这种自信品质，不下于寻求雇员的任何其他资格。不看重自己的人，就算说话句句得体，语调往往还是带着疑问。

你的自尊表现得越强越好，即使你其实自视不那么高也不要紧。你要像戏剧演员一样注意你的声音和动作，一定让别人听起来觉得你有自信。不妨用录音机录下一次假想的面试，自己细听一次。

心灵箴言

在真实的生命里，每桩伟业都由信心开始，并由信心跨出第一步。

——[美] 奥格斯特·冯·史勒格

我相信强烈的目标，这种可以使人完成任何事情的诚恳精神，这种自我忠实，是使人的心灵成就伟业的最大因素。

——[西班牙] 弗烈德利克·B·罗宾森

目标的坚定是性格中最必要的力量源泉之一，也是成功的利器之一。没有它，天才也会在矛盾无定的迷径中，徒劳无功。

——[英] 查士德斐尔爵士

与其屈服自卑，不如膜拜自信

故事话题

汤玛士本来是战斗机驾驶员，脱离空军后，在费城入了保险行业。8年过去了，公司老早答应给他升级，然而却一直没有下文。他辞职不干。下一个职位是一家较小保险公司的经理。过了9年，他却被开除了。

有一段时间，他试做财务顾问生意。但由于资金不足，很快就关门了。他说："我那时已47岁，经济十分拮据，真是走投无路，我觉得自己是个失败者。"

汤玛士太太是天主教徒，天天祈祷天主。"每天早上我都到教堂祷告，祈求时来运转。有一天，我重复听到三个字。我觉得前一年去世的婆婆要告诉我什么事情似的。那三个字是'做芥末'。"她家有一份俄国传来的做芥末的食谱，每年圣诞，汤玛士夫妇就做这种芥末送给亲友。

太太告诉汤玛士说，她相信他妈妈吩咐他们试一试做点新事业。起初汤玛士以为太太疯了，但细心一想，这起码是一个值得考虑的主意。他说："我拗不过你和我的妈妈，我们做吧。"他找当地卖乳酪的店铺商量。店东尝过芥末后，向汤玛士夫妇买下了整批货品。

故事解析

有的时候，一些无可奈何的事情会发生。有一天，你发现最高管理层人事大变动，一位陌生人做了你的上司。这位陌生人要聘用他自己的班子。你被挤走或者被革职了。

你该怎么办呢？首先，事情既然发生了，千万不要自怨自艾；其次，切记你总有别的选择，虽然有些出路并不太明显；然后，机缘、巧合、灵机或者冥冥中的声音——谁能肯定主意是怎么来的呢？在别无他法的时候，我们大家都可以听听心灵深处的声音。也许有什么好主意正在那儿酝酿呢。

机会飘忽不定，你最初所向往的目标可能半途又更改了。但是，只要你能想清楚失败的关键，只要你想到自己是个永远有选择余地的人，那就算是得到了价值无穷的教训了。

故事穿越

有一个富有的商人赔光了家产，他伤心欲绝地去跳河，这时发现一个同样也到河边要跳河的妇女。他问妇女："你为什么跳河？"

"我，我被丈夫遗弃了。"

"哦，你什么时候认识你丈夫的？"

“我是3年前认识他的，我们刚结婚一年他就另觅新欢不要我了。”妇人越说越伤心，真的要去跳河了。

“哦，你等等。”富商接着问：“那3年前没有遇见他的时候你是怎么活的？没有他你就必须跳河吗？”

“哦，3年前我没有认识他的时候，我生活得很好，很快乐。”

“是啊，你完全能从头再来啊，只不过3年时间，他在你一生中只占几十分之一啊，干嘛要为3年付出那么多代价呢？3年是可以用另外一个3年挽回的。你看，3年前我是一个到这个城市打工的流浪汉，当时我身无分文，可现在我已经是富翁了。你说是吗？”

“是啊，谢谢你，我真不知怎么谢你。”妇人终于笑了，轻松地离开了。

在劝完妇人后，富商好像也劝了自己。是啊，3年前我还不是一无所有吗？就让一切都归零，从头再来吧。

他也轻松地离开了河边。

故事微语

无论你有多好，总会有不珍惜你的人；幸好，到了最后，所有不珍惜的人都会成为过去。你要找的不是一个完美的人，而是一个对你而言最合适的人。每个人都有缺陷和伤疤，不用自卑，你也有属于你的最美。

生活就是理解，生活就是面对现实不自卑，不言弃，并送以微笑。生活就是越过心灵的障碍，平静心性，淡泊名利。生活就是越过障碍，注视将来；生活就是自己身上有一架天平，在那上面衡量善与恶；生活就是知道自己的价值，自己所能做到的与自己所应该做到的；生活就是通过辛勤的双手，创造给力的幸福。

心灵箴言

自信是成功的第一秘诀。

——[美] 爱默生

先相信自己，然后别人才会相信你。

——[法] 罗曼·罗兰

人多不足以依赖,要生存只要靠自己。

——[法] 拿破伦

天生我材必有用，千金散尽还复来。

——李白

人有没有信念并非取决于铁链或任何其他外在的压力。

——[苏格兰] 托·卡莱尔

要有自信,然后全力以赴--假如具有这种观念,任何事情十之八九都能成功。

——[美] 威尔逊

第四篇

做些改变：人生应该少些悔恨多些慈悲

塞涅卡说："一个人若是依循着某条轨道前进，那总会在某处有个终点；若是到处漫游，则绝无尽头。所以，不能作无目标、无意义的旅行。"如果我们在某条道路上一直找不到希望，何不另寻突破，不在一棵树上吊死，最后，未必不能得到自己想要的收获。

改变可以让生活变得更新鲜

故事话题

从前，有两个饥饿的人得到了一位长者的恩赐：一根鱼竿和一篓鲜活硕大的鱼。经过谈判，其中，一个人得到了一篓鱼，另一个得到了一根鱼竿。得到鱼的人原地就用干柴燃起篝火煮起了鱼，他狼吞虎咽，还没有品出鲜鱼的肉香，连鱼带汤就被他吃了个精光，不久，他便饿死在空空的鱼篓旁。另一个人则提着鱼竿继续忍饥挨饿，一步步艰难地向海边走去，可当他已经看到不远处那片蔚蓝色的海洋时，他浑身的最后一点力气也使完了，他也只能眼巴巴地带着无尽的遗憾撒手人间。

又有两个饥饿的人，他们同样得到了长者恩赐的一根鱼竿和一篓鱼。只是经过谈判，他们并没有各奔东西，而是商定共同去找寻大海，他俩每次只煮一条鱼，然后经过遥远的跋涉，来到了海边，从此，两人开始了捕鱼为生的日子，几年后，他们盖起了房子，有了各自的家庭、子女，有了自己建造的渔船，过上了幸福安康的生活。

故事解析

其实，人并不能改变别人，只能改变自己。如果你真的想改变一个人，那需要先改变自己，起码要改变对这个人的看法。然后再尝试着接纳你觉得这个人需要改变的部分，并无论这个人是否改变都尊重其是一个独立的个体。然后，以你的改变去创造一种氛围，一种影响力，从而创造出这个人可能实现改变的环境。最后，你就只能等待，耐心地等待，等待这个人从其内心深处产生“改变”的愿望，并在你所参与营造的氛围和环境中，一步一步改变。

生活就是这个样子，当你看到另一面存在更美好的成像，你会不由自主地想要引导别人跟你一同转变，一同体会生活的不一样的感受。

故事穿越

在某一年的晚会上，当时还是中央电视台节目主持人的杨澜，正满面春风地向舞台上走去，不料没看清脚底，被什么东西绊了一下，她一下子跌倒在地，所有的人都愣住了，只见杨澜面带笑容地爬起来，掸掸礼服上的土，开玩笑地说了句：“这一跤摔得实在不够专业。”众人听了也都哄然大笑，一个尴尬的场面就这样被轻松化解了。

无独有偶，在一次奥斯卡颁奖典礼上，一位刚刚获奖的女演员准备上台领奖，也许是因为太兴奋了，她被自己的晚礼服长裙绊了脚，摔倒在舞台边上，全场都静默了，因为还从来没有人在这样全球直播的盛大的晚会上跌倒过。

她迅速地起身，从主持人手中接过奖杯发布获奖感言时，她真挚而感慨地说：“为了走到这个位置，实现我的梦想，我这一路走得艰辛坎坷，甚至有时跌跌撞撞。”机智、真诚的话语使她成为那个晚上最耀眼的明星。

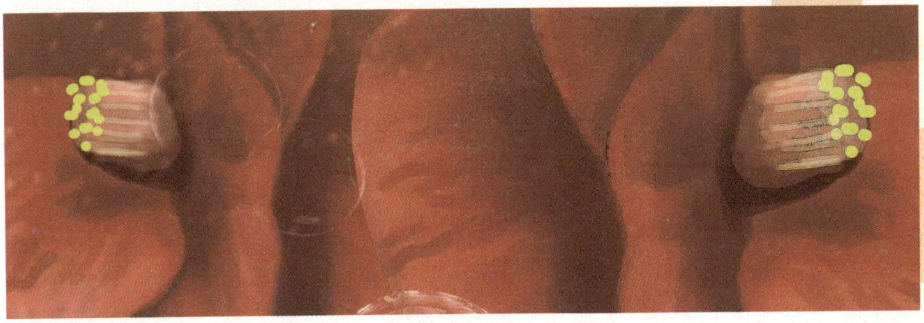

故事微语

有大智慧的人，总会想到办法绝处逢生。杨澜在遇到如此尴尬的局面时，尚能巧妙转变外界对这个表面现象的看法，不得不令人敬佩。

道理就是这样：你改变不了世界，但你可以改变自己；你改变不了环境，但你可以适应环境；你改变不了事实，但你可以改变态度；你改变不了过去，但你可以改变现在；你不能控制他人，但你可以掌握自己；你不能预知未来，但你可以把握今天；你不能样样顺利，但你可以事事顺心；你不能左右天气，但你可以改变心情；你不能改变容貌，但你可以展现笑容。

如果一切都不能改变，至少你还能改变自己的感受；如果一切都不能控制，至少你还能控制自己的风度。

心灵箴言

沉沉的黑夜都是白天的前奏。

——郭小川

为了生活中努力发挥自己的作用，热爱人生吧。

——[法] 罗丹

当一个人用工作去迎接光明，光明很快就会来照耀着他。

——冯雪峰

行动也许不一定会带来快乐；但是没有行动就决没有快乐。

——[英] 本杰明·迪斯雷利

希望是附丽于存在的，有存在，便有希望，有希望，便是光明。

——鲁迅

将不愉快慢慢沉淀，再逐渐消失

故事话题

有个小男孩头戴球帽，手拿球棒和棒球，全副武装地到自家后院。

“我是世界上最伟大的打击手，”他自信满满地把球往空中一扔，用力挥棒，但却没有打中。

他毫不气馁，又往空中一扔，大喊一声：“我是最厉害的打击手。”

他再次挥棒，可惜又落空了。

他愣了半晌，仔仔细细地将球棒和棒球检查了一番。

他站了起来，又试了一次，这次他仍告诉自己：“我是最杰出的打击手。”

然而他第三次尝试又落空。

“哇！”他突然跳了起来，“原来我是第一流的投手！”

故事解析

故事中的小男孩没有因为每一次的失败而扰乱自己的思绪，依然一次又一次地去尝试，终有一次会成功，假若不成功，他还会换一种角度理解这件事：或许，自己在另一方面，会崭露头角。

人生如积水，时间长了，总有一些东西沉淀，不管这些东西是否有其存在的价值，我们都需要清理这些沉淀。

一生说长不长，说短不短。我们经历了幼年、少年、青年、中年、老年。这些分段时间跨度越来越长，似乎能说明一些问题。我们的思想跨越需要更多的时间去突破，我们需要更多的时间去理解和看淡这个世界，分清属于或者不属于我们的地盘。

幼年，什么也不懂，也只有一些简单的，甚至有些可笑的原因或者追求，那时候我们非常天真，过着食求饱，居求安的基本生活，我们可能为了一个玩具，大哭或者大笑。而且从不在意别人说什么，因为我们理解水平有限，听不懂或者记不住。所以很少有烦心事；少年，我们渐渐明白人情世故，在美好的花季年龄去想象那些将来所拥有的美好，每天怀着对未来的憧憬而活着，每天几乎都是饱满的；青年，我们成长在叛逆的边缘，一念成天堂，一念成地狱。这仿佛取决于周身的环境。毕竟，现实容不得我们做过之后再去思考。有些东西是回不了头的。就如一页空白的纸，划

过之后的印记就再也抹擦不掉了；中年，对现实看得透彻了。需要将自己置身于一个大环境，才能看的更开，生活才能更幸福。积淀了大半辈子的经验，争强好胜的心越来越淡了。于是渐渐明白，原来不过如此。

老年，这才是人生的黄金阶段，一个人一辈子的价值和总结都要在这一段时间做一个了结，然后才能喝上自己所谓倾其一生所酿的人生之酒。或香醇、或苦涩、或平淡无味、或失望等。人，最终会卸下一切，感叹一切都是身外之物。活了一辈子，其结果也如此。不管人生处于哪个阶段，应该少点争执，需要放空自己。

有很多想不明白的事情，在时间的推移下变得不是那样的重要，变得很无所谓。我们很多时候应该将自己置身于宇宙中，那样我们会活的更轻灵。

故事穿越

麦克失业后，心情糟透了，他找到了镇上的牧师。牧师听完了麦克的诉说，把他带进一个古旧的小屋，屋子里一张桌上放着一杯水。牧师微笑着说："你看这只杯子，它已经放在这儿很久了，几乎每天都有灰尘落在里面，但它依然澄清透明。你知道是为什么吗？"

麦克认真思索后，说："灰尘都沉淀到杯子底下了。"牧师赞同地点点头："年轻人，生活中烦心的事很多，就如掉在水中的灰尘，但是我们可以让它沉淀到水底，让水保持清澈透明，使自己心情好受些。如果你不断地振荡，不多的灰尘就会使整杯水都浑浊一片，更令人烦心，影响人们的判断和情绪。"

故事微语

之所以有的人感觉生活是痛苦的，而有的人感觉幸福，主要是人们对待痛苦的态度不同。比如水，即使再清澈，如果在一个杯子里不停地摇晃它，它也不会清澈；相反地，即使再浑浊的水，如果将它静静地放着，也很快会变得清澈。

我们的心也是如此，如果你没有给它时间去沉淀，而总是摇晃不停，那它就会处在一种浑浊的状态。我们在匆忙和浮躁中，拼命地摇晃我们的生活，没有片刻的沉静，就会使我们的生活变得一片浑浊，使所有的幸福都掺杂了痛苦的成分。尤其是人在烦躁的时候，更容易疯狂地震荡自己，摇起满瓶的浑浊，于是我们时时感到痛苦、烦恼、焦虑，这不是因为痛苦多于幸福，而是我们用不恰当的方式，让痛苦像脱缰的野马，随意奔跑在我们生活的每一个角落。

为此，我们不妨学会沉淀生命，沉淀经验，沉淀心情，沉淀自己。让生命在运动中得以沉静，让心灵在浮躁中拥有片刻宁静。把那些烦心的事当作每天必落的灰尘，慢慢地、静静地让它们沉淀下来，用宽广的胸怀容纳它们。

人生，只有那一段静默的时光才真正属于你自己。静默的时光是人的灵魂归依的时辰，也是智慧凝聚的时机。静能生智，学会沉淀你的情绪，你的灵魂兴许会变得更加纯净，你的心胸会变得更加豁达，你的人生会更加快乐。

心灵箴言

“江山如此多娇，引无数英雄竞折腰。”

——毛泽东

争先的径路窄，退后一步，自宽平一步；浓艳的滋味短，清淡一分，自悠长一分。

——洪应明

“故天将降大任于斯人也，必先苦其心志，劳其筋骨，饿其体肤，空乏其身，行拂乱其所为，所以动心忍性，曾益其所不能。”

——孟子

改掉坏习惯，从而减少自责的砝码

故事话题

古希腊著名演说家戴摩西尼年轻时为了提高自己的演说能力，躲在一个地下室练习口才。由于耐不住寂寞，他时不时就想出去溜达溜达，心总也静不下来，练习的效果很差。无奈之下，他横下心，挥动剪刀把自己的头发剃去了一半，变成了一个怪模怪样的“阴阳头”。

这样一来，因为羞于见人，他只得彻底打消出去玩的念头，一心一意地练口才，一连数月足不出室，演讲水平突飞猛进。经过一番顽强的努力，戴摩西尼最终成为了世界闻名的大演说家。

故事解析

在生活中，我们常常对事情拿不定主意，无法全神贯注地投入一件事，这是因为有这样或那样的顾虑在约束着我们，让我们始终无法释怀。我们面对着所有事情的“两面”，总是想着一个两全其美的“解决办法”，而事实上，十全十美的事几乎是没有的，因此我们必须切断事情的一面，朝着另一面勇往直前。

没有了顾虑，也就没有了后退的理由，而“一心想着成功”也“迫使”我们发挥出真实的能力，让我们得以全神贯注在“目标”上。

说到底，“退路”使我们永远无法达成心愿，终究只是一种逃避、一种失败的委婉说法而已。不给自己留退路，不因任何事情而退缩。“穷且益坚，不坠青云之志”才是我们真正应当做到的。背水一战，犹能成功，从绝望中寻找希望，只有不留退路，才容易赢得出路，走向成功。

故事穿越

美国建国期间的伟人富兰克林有一个习惯，每天晚上都把一天的情形重新回想一遍。他发现他有13个很严重的错误，下面是其中的三项：浪费时间，为小事烦恼和别人争论冲突。聪明的富兰克林发现，除非他能够减少这一类的错误，否则不可能有什么成就。

所以他一个礼拜选出一项缺点来搏斗，然后把每一天的输赢做成记录。在下个礼拜，他另外挑出一个坏习惯，准备齐全，再接下去做另一场战斗。富兰克林每个礼拜改掉一个坏习惯的战斗持续了两年多。难怪他后来成为美国历史上最受人敬爱也最具影响力的人之一。

故事微语

习惯是所有伟人的奴仆，也是所有失败者的帮凶。伟人之所以伟大，得益于习惯的鼎力相助；失败者之所以失败，习惯同样责不可卸。习惯决定命运，但我们应该明白，习惯不是与生俱来的，它是我们在后天的行为活动中逐步形成的。只有在正确道德意志的驱使下，才能形成良好的习惯。

好的习惯将使你成为有成就的人，同样，坏的习惯也将使你一生一事无成。所以切不可小看平时那些微不足道的毛病，一旦养成习惯，将成为你前进路上的绊脚石。这就非常需要我们仔细检查一遍自己的习惯。看看哪些是有益的，哪些是有害的，而后，将有害的改为有益的。哪怕一个小小的改变，假以时日，必能受益无穷。后天的培养铸就了人们强大的习惯，要树立勤奋是光荣的、努力和坚持不懈终会得到回报的信心，正所谓好习惯结好果，坏习惯酿恶果。

心灵箴言

最大的羞愧和苦恼，就是当你不能很好地捍卫你所喜爱并为之而生存的一切的时候。

——[苏联] 高尔基

最好的好人，都是犯过错误的过来人;一个人往往因为有一点小小的缺点，将来会变得更好。

——[英] 莎士比亚

一个人必须把他的全部力量用于努力改善自身，而不能把他的力量浪费在任何别的事情上。

——[俄] 列夫·托尔斯泰

尽可能少犯错误，这是人的准则；不犯错误，那是天使的梦想。尘世上的一切都是免不了错误的。错误犹如一种地心吸力。

——[法] 雨果

释然沧桑，人生俯仰皆境界

故事话题

一位老太太请了一个油漆匠到家里粉刷墙壁。油漆匠看到老太太的丈夫双目失明，顿时流露出怜悯的目光。可是男主人开朗乐观，所以油漆匠在那里工作的几天，他们谈得很投机，油漆匠也从未提起男主人的缺陷。

工作完毕，油漆匠取出账单，老太太发现比原来谈妥的价钱打了一个很大折扣。她问油漆匠："怎么少算这么多呢？"

油漆匠回答说："我跟你先生在一起觉得很快乐，他对人生的态度，使我觉得自己的境况还不算最坏。所以减去的那一部分，算是我对他表示的一点谢意，因为他使我不再把工作看得太苦。"

油漆匠对这位太太的丈夫的推崇，使她流下了眼泪。因为这位慷慨的油漆匠，自己只有一只手。

故事解析

人有时自觉不自觉地就学会了仰视与俯视，所谓“仰视”，就是从低处看相对高海拔的东西，颈部需要做的一个动作。常用来观赏自己暂时无法达到的境界，或者是自己很欣赏但是无法做到的人或事。

所谓“俯视”，就是从高处往下看。每当我们站在低处看高于视平线的东西时，就需要仰视，每当我们站在高处往下看时，就需要俯视，其实这是一个很简单的动作及道理，但有时我就常常思考这个问题。看世间百态、人间万象，纷繁复杂，人与人之间的关系微妙，自觉不自觉地就学会了仰视与俯视。

用仰视的角度与之交往的必定是在一些学识渊博，道德堪称人师，态度谦恭的长者、智者和贤者，这是无可非议的，也是值得提倡的。但有时往往有很多人是以职位的高低和所处的位置为标准去仰视与俯视的，并且随着位置的改变而调整视觉的角度；用俯视的姿态看人似乎有些不妥，不应该用居高临下的姿态去藐视所谓的荅荅众生的。即使你身怀绝技、学富五车也不要目无一切、藐视他人。

其实所有的人生都是一样的，有圆有缺、有盈有亏，这是你不能选择的，但你可以选择看待人生的角度，多选择平视的角度与人交往，多看看人生的圆满，然后带着一颗快乐感恩的心去面对人生的不圆满，认真走过人生的弯路。

人生在世，俯仰之间，自当追求卓越，但应尽其所能追求一切美好的过程，这才是人生珍贵的财富。

故事穿越

索菲一直以来过着平静、舒适的中产阶层的家庭生活，然而在她30岁的时候，突然遭受了接连而至的厄运打击。她的丈夫在一次交通事故中不幸丧生，留下两个孩子。没过多久，小女儿被烤面包的油脂烫伤了脸，医生告诉她孩子脸上的伤疤将终生难消，索菲为此伤透了心。

她在一家小商店找了份临时工作，可是没过多久，这家商店就倒闭了。丈夫给她留下一份小额的保险，可是她却耽误了最后一次保费的续交，因此保险公司拒绝支付这笔保费。

在经历了这一连串的打击之后，索菲几乎绝望了。左思右想，为了自救，她决定再做最后一次努力，尽力拿到保险赔偿。她来到保险公司，没有找常规的办事人员，而是直接走进了经理的办公室。经理很有礼貌地问候了她，这让她很受鼓舞。于是，索菲镇静地讲述了索赔时遇到的困难。经理派人取来她的档案，经过再三思考，决定给予索菲赔偿，虽然从法律上讲公司没有承担赔偿的义务，但是经理认为应该以德为重，于是工作人员按照经理的决定为她办理了赔偿手续。

从那以后，索菲的好运接踵而来。保险公司的那位经理尚未结婚，对年轻丧偶的索菲一见倾心。他给索菲打来电话，帮她预约了一位医生，为她的小女儿治好了脸上的伤疤；没过多久，这位经理就通过朋友的帮助将索菲排到一家大百货公司上班。一年之后，经理向她求婚。几个月后，他们结为夫妻，过上了幸福美满的生活。

故事微语

时间没有永久的幸运，也没有永久的不幸。厄运虽然让人忧愁，令人不快，甚至给人不断的打击，但是厄运就像一阵风，不会持久地存在。当遇到接二连三的倒霉事时，只要不绝望、不哀叹，相信总会有时来运转的一天。只要积极地为改变厄运而努力，那么我们就一定会有收获。事实上，在灾祸里面，未必不隐藏着幸福，而在幸福中，未必不隐含着祸患的根源。

如果能够在我们平凡的生活中常常感到被一种喜悦之情所充溢，那么这无疑是一种经修炼得来的福分。幸福并不是靠人力获得的，而是应该保持愉快的心境，以此作为人生幸福的根基。同样，当所谓的灾祸袭来之时，人是无法躲避的，唯一的办法就是在灾祸还没有到来之前，时时注意如何避免种下灾祸的种子；当灾祸不可避免时，除了坦然接受之外还要从中发现幸运的因素，并力求将这种因素放大成为幸福。

心灵箴言

人之所以痛苦，在于追求错误的东西。

——佛经

你什么时候放下了，什么时候就没有烦恼。

——佛经

与其说是别人让你痛苦，不如说是自己的修养不够。

——佚名

自古逢秋悲寂寥，我言秋日胜春朝。晴空一鹤排云上，便引诗情到碧霄。

——刘禹锡

一个人的真正价值，首先决定于他在什么程度上和什么意义上从自我解放出来。

——[美] 爱因斯坦

享受过程，体会顺其自然的心境

故事话题

1948年5月14日，以色列诞生，但不久以色列与周围阿拉伯国家的战争便爆发了。已经定居美国十多年的爱因斯坦立即向媒体宣称：“现在，以色列人再不能后退了，我们应该战斗。犹太人只有依靠自己，才能在一个对他们存有敌对情绪的世界上生存去。”

1952年11月9日，爱因斯坦的老朋友以色列首任总统魏茨曼逝世。在此前一天，就有以色列驻美国大使向爱因斯坦转达了以色列总理本·古里安的信，正式提请爱因斯坦为以色列共和国总统候选人。当日晚，一位记者给爱因斯坦的住所打来电话，询问爱因斯坦：“听说要请您出任以色列共和国总统，教授先生。您会接受吗？”

“不会。我当不了总统。”

“总统没有多少具体事务，他的位置是象征性的。教授先生，您是最伟大的犹太人。不，不，您是全世界最伟大的人。由您来担任以色列总统，象征犹太民族的伟大，再好不了。”

“不，我干不了。”爱因斯坦刚放下电话，电话铃又响了。这次是驻华盛顿的以色列大使打来的。大使说：“教授先生，我是奉以色列共和国总理本·古里安的指示，想请问一下，如果提名您当总统候选人，您愿意接受吗？”

“大使先生，关于自然，我了解一点，关于人，我几乎一点也不了解。我这样的人，怎么能担任总统呢？请您向报界解释一下，给我解解围。”

大使进一步劝说：“教授先生，已故总统魏茨曼也是教授您能胜任的。”

“魏茨曼和我不是一样的。他能胜任，我不能。”

“教授先生，每一个以色列公民，全世界每一个犹太人，都在期待您呢！”爱因斯坦的确被同胞们的好意感动了，但他想的更多的是如何委婉

地拒绝大使和以色列政府，又不使他们失望，不让他们窘迫。

不久，爱因斯坦在报上发表声明，正式谢绝出任以色列总统。在爱因斯坦看来，“当总统可不是一件容易的事。”同时，他还再次引用他自己的话：“方程对我更重要些，因为政治是为当前，而方程却是一种永恒的东西。”

故事解析

人的一辈子有百分之五是精彩的，百分之五是痛苦的，另外百分之九十是平淡的；人们往往被百分之五的精彩诱惑着，忍受着百分之五的痛苦，在百分之九十的平淡中度过。人无法控制自己的生与死，但能掌握自己的一生。

人生如梦，弹指一挥就是转眼几十年，穷也好，富也罢，都是过眼云烟，我们蓦然回首才发现：顺其自然，健康快乐是最主要的。

人生在世，不可能一帆风顺，种种失败和无奈都需要我们勇敢地面对；一味地埋怨生活，这是对感恩的消沉对待。在现实生活中，我们用感恩的心态去对待生活，人际关系就会融洽，多一些感谢，就多一份爱心，多一份温馨，人与人之间的关系就会在相互感激中更加亲密。

任何时候，我们都不能对生活丧失信心，学会坚强，学会自信，永远做生活的强者。对生活不要有太多奢望，也没有过分的苛求，只有平淡的生活，没有烦恼和忧愁，活得轻松自在，活得潇洒自信，才是我们每个人都希望的。

故事穿越

一个满怀失望的年轻人千里迢迢来到法门寺，对住持释圆说："我一心一意要学丹青，但至今没有找到一个能令我心满意足的老师。"

释圆笑笑问："你走南闯北十几年，真没能找到一个老师吗？"年轻人深深叹气说："许多人都是徒有虚名啊，我见过他们的画，有的画技甚至不如我呢！"释圆听了，淡淡一笑说："老僧虽然不懂丹青，但也颇爱收集一些名家精品。既然施主的画技不比那些名家逊色，就烦请

施主为老僧留下一幅墨宝吧。"说着，便吩咐一个小和尚拿了笔、墨、砚和一沓宣纸。

释圆说："老僧的最大嗜好，就是爱品茗饮茶，尤其喜爱那些造型流畅的古朴茶具。施主可否为我画一个茶杯和一个茶壶？"年轻人听了，说："这还不容易？"于是调了一砚浓墨，铺开宣纸，寥寥数笔，就画出一个倾斜的水壶和一个造型典雅的茶杯。那水壶的壶嘴正徐徐吐出一脉茶水来，注入到那茶杯中去。年轻人问释圆："这幅画您满意吗？"

释圆微微一笑，摇了摇头。释圆说："你画得确实不错，只是把茶壶

和茶杯放错位置了。应该是茶杯在上，茶壶在下呀。”年轻人听了，笑道：“大师为何如此糊涂，哪有茶壶往茶杯里注水，而茶杯在上茶壶在下的?”

释圆听了，又微微一笑说：“原来你懂得这个道理啊。你渴望自己的杯子里能注入那丹青高手的香茗，但你总把自己的杯子放得比那些茶壶还要高，香茗怎么能注入你的杯子里呢？把自己放低，才能吸纳别人的智慧和经验。”

故事微语

很多时候，我们心如明镜，懂得能够拥有一份美丽的心情是人间至美；很多时候，我们又蓦然发现，心情好像一种极柔弱的东西，经常会因为自然界的风花雪月或是人世间的阴晴冷暖而剧烈地波动着，蛛丝般震颤飘荡，无所依傍。

很多时候，我们会陷进失落的国度，感到心烦意乱；很多时候，我们会感觉到一种无力的倦怠正一步一步向我们逼近。其实，就如同日升日落轮回交替一般，心情自然也会有起伏辗转的时候。

顺其自然，不一定就是一种悲观消极的生活态度，有时它也是一种乐观心态的表现。在工作和生活中，有很多事情并不能如我们所期望的那样，按照自己的意愿发展，尽管我们为此付出了很大的努力，甚至沉重的代价。但是，如果我们愿意撤下心防，选择转身面向门外灿烂的阳光，就一定会感受到温暖。

心灵箴言

信念，你拿它没办法，但是没有它你什么也做不成。

——[英] 撒姆尔·巴特勒

自然就好，开心的时候就笑，难过的时候就哭，别勉强自己，顺其自然吧。

——[日] 矢野浩二

求乐的人生观，才是自然的人生观，真实的人生观。我们应该顺其自然，立在真实上，求得人生的光明，不可陷入勉强虚伪境界，把真正人生都归于幻灭。

—— 李大钊

这世上的一切都借希望而完成。农夫不会播下一粒玉米，如果他不曾希望它长成种籽；单身汉不会娶妻，如果他不曾希望有小孩；商人或手艺人不会工作，如果他不曾希望因此而有收益。

——[德] 马丁·路德

第五篇 意志坚强：挫折是不可错过的缤纷之景

累累的创伤，就是生命给予我们最好的东西，因为每一个创伤上面，都标识着前进的一步。曾经我们或许是个压迫者，今后，这样的心理暗示应该少一些。躺在历史的伤痛中，用清澈明亮的眼睛看世界，才能避免错过每一根伸向我们的橄榄枝。

没有走过，何来懂得

故事话题

一次下了一场非常大的雨，洪水开始淹没城市。

一个神父在教堂里祈祷。眼看洪水已经淹到他的腰了，突然一个救生员开着小艇对神父说："神父，快，快上来，不然洪水会把你淹死的！"神父就说："不！我要守着我的殿堂！我深信上帝会来救我的！"于是，救生员很无奈地离开了。

过了不久，洪水已经淹过神父的头了。神父只好勉强站在桌子上，这时，又有一个警察开着小艇过来对神父说："快，快，快上来，不然洪水会把你淹死的！"神父又说："不！我要守着我的殿堂！我深信上帝会来救我的！"于是，警察也很无奈地离开了。

又过了一会儿，洪水已经把教堂淹没，神父只好抓着十字架。这时，一架直升机缓缓开过来，丢下绳梯之后，飞行人员大叫："神父，快，快，拉着绳梯爬上来，不然洪水会把你淹死的！"神父还是意志很坚定地说："不，我要守着我的殿堂，我深信上帝会来救我的！"于是，直升机也很无奈地离开了。

但是，洪水还是一直涨，一直涨，神父很快被淹死了。神父上了天堂后，见了上帝就很生气地问："你是怎么搞的？这样你的子民还会相信你吗？"

上帝说："你到底想怎么样？我已经派了两艘小艇、一架直升机去救你了！难道要航空母舰你才坐啊？"

拥有时不懂得珍惜，失去了方觉可贵。也许，每一个人都曾有过这样的感觉。其实，人生就是在不断出现的遗憾中度过的。

故事解析

人生没有假如，不要把希望放在明天，也不要让人生等待未来，那是很不现实的。明天的日子如何，未来的人生怎样，全在此时此刻的努力。

人生没有假如，不要对它抱有幻想。忘记你所失去的，珍惜你所拥有的。这样，尽管人生未必没有遗憾，但也可以无悔了。谁都不能对一个努力的生命抱太多的苛责。所以说，不管是怎样的人生，只要尽力了，也就难得了，也就不需要假如了。

人生是一个沉重的字眼。尽管我们时刻面对着它，然而，我们还是不愿意老提起它。提起它，总少不了感概；提起它，也未免有太多太多的惋惜。不管你愿意还是不愿意接受这样的事实，你要明白，人生是没有假如的。事情假如可以改变，人生假如可以重来，也就不会有那么多的悔恨了。

故事穿越

有个人在一天晚上碰到一个神仙，这个神仙告诉他说，有大事要发生在他身上了，他会有机会得到很大的一笔财富，在社会上获得卓越的地位，并且娶到一个漂亮的妻子。这个人终其一生都在等待这个奇异的承诺，可是什么事也没发生。他穷困地度过了他的一生，孤独地老死了。当他死后，他又看见了那个神仙，他对神仙说："你说过要给我财富、很高的社会地位和漂亮的妻子，我等了一辈子，却什么也没有。"

神仙回答他："我没说过那种话。我只承诺过要让你有机会得到财富、受人尊重的社会地位和漂亮的妻子，可是你让这些机会从你身边溜走了。"这个人迷惑了，他说："我不明白你的意思。"神仙回答道："你记得你曾经有一次想到一个好点子，可是你没有行动，因为你怕失败而不敢去尝试吗？"这个人点点头。

神仙继续说："因为你没有去行动，这个点子几年以后被另外一个人想到了，那个人一点也不害怕地去做了，他后来变成了全国最有钱的人。

还有，你应该还记得，有一次发生了大地震，城里大半的房子都毁了，好几千人被困在倒塌的房子里。你有机会去帮忙拯救那些人，可是你怕小偷会趁你不在家的时候，到你家里去偷东西，你以这作为借口，故意忽视那些需要你帮助的人，而只是守着自己的房子。”这个人不好意思地点点头。

神仙说：“那是你去拯救几百个人的好机会，而那个机会可以使你在城里得到多大的尊崇和荣耀啊！”

“还有，”神仙继续说，“你记不记得有一个头发乌黑的漂亮女子，你曾经非常强烈地被她吸引，你从来不曾这么喜欢过一个女人，之后也没有再碰到过像她这么好的女人。可是你想她不可能会喜欢你，更不可能会答应跟你结婚，你因为害怕被拒绝，就让她从你身旁溜走了。”这个人又点点头，这次他流下了眼泪。

神仙说：“我的朋友啊，就是她！她本来该是你的妻子，你们会有好几个漂亮的小孩，而且跟她在一起，你的人生将会有许许多多的快乐。”

故事微语

人生就是一个过程，当然，也有结果。不同的过程，不同的结果。很多人却像高速路上的司机，虽然能到达目的，但身边美好的东西已经不在，当你到达目的的时候，你会发现你失去的比拥有的更多。所以，当你确定目标后，就要像高速路上的乘客一样，在达成目标的同时，也能欣赏过程中的美好，这才是我们生活的标准。

你失去的不一定就能找回来。现实中，有很多的人就像司机一样，当你把身边的人送到你认为美好的地方的时候，你已经失去了更多。

当你忽略过程的时候，结果已经没必要了。因为你在过程中已经失去了很多很多。而这一切，有些已经是无法挽回的。所以，我们看重结果的同时，更应该重视过程。

心灵箴言

在任何行业中，走向成功的第一步，是对它产生兴趣。

——[美] 威廉·奥斯勒

那些尝试去做某事却失败的,比那些什么也不尝试去做成功的人，不知好上多少。

——[法] 路易·锤斯

也许个性中，没有比坚定的决定更重要的成分。小男孩要成为伟大的人，或想日后在任何方面举足轻重，必须下定决心，不只要克服行里障碍，而且要在千百次的挫折和失败之后获胜。

——[美] 西奥多·罗斯福

不因一时的过失而逃避退缩

故事话题

美国总统罗斯福是一个有缺陷的人，他小时候是一个脆弱胆小的学生，在学校课堂上总显露一种惊惧的表情。他呼吸就好像喘大气一样。如果被喊起来背诵，立即会双腿发抖，嘴唇也颤动不已。回答起来，含含糊糊，吞吞吐吐，然后颓然地坐下来。由于牙齿的暴露，难堪的境地使他更没有一个好的面孔。

像他这样一个小孩一定很敏感，常会回避同学间的任何活动，不喜欢交朋友，成为一个只知自怜的人！然而，罗斯福虽然有这方面的缺陷，但却有着奋斗的精神——一种任何人都可具有的奋斗精神。事实上，缺陷促使他更加努力奋斗。他没有因为同伴对他的嘲笑而减少勇气。他喘气的习惯变成了一种坚定的嘶声。他用坚强的意志，咬紧自己的牙床使嘴唇不颤动而克服他的惧怕。

没有一个人能比罗斯福更了解自己，他清楚自己身体上的种种缺陷。他从来不欺骗自己，认为自己是勇敢、强壮或好看的。他用行动来证明自己可以克服先天的障碍得到成功。

凡是他能克服的缺点，他便克服，不能克服的，他便加以利用。通过演讲，他学会了如何利用一种假声，掩饰他那无人不知的暴牙，以及他打桩工人的姿态。虽然他的演讲中并不具有任何惊人之处，但他不因自己的声音和姿态而遭失败。他没有洪亮的声音或是威重的姿态，他也不像有些人那样具有惊人的辞令，然而在当时，他却是最有力量的演说家之一。

故事解析

由于罗斯福没有在缺陷面前退缩和消沉，而是充分、全面地认识自己，在意识到自我缺陷的同时，能正确地评价自己，在顽强之中抗争。不因缺憾而气馁，甚至将它加以利用，变为资本，变为扶梯而登上名誉巅峰。在晚年，已经很少有人知道他曾有严重的缺憾。

任何人在成功之前，都是默默无闻的，普通得犹如大海里的一滴水。如果你保持一种平稳的心态，为自己喝彩，多给自己一点信心，并无怨无悔地坚持下去，那么总有一天你会成功的。

故事穿越

有一位名叫杰森的16岁少年，刚刚学会开车，便载着父亲去了18英里外的一个地方。他把父亲送到了目的地，说好下午4点再去接他父亲。然后他到了附近一个加油站，把车放在了那里。因为他还有好几个小时的空余时间，他便决定去加油站附近的剧院看电影。不料，由于沉浸于影片情节的他忘记了时间，导致迟到了整整两个小时。

他不想父亲生气，于是编了个谎话告诉父亲是车子出了毛病开去修理所以才迟到的。父亲却瞪了他一眼。而这眼神，杰森永远都不会忘记。

“对于你认为必须对我撒谎这一点，我感到非常失望，杰森。”他父亲低沉地说。

“哦，你说什么？我讲的全部是实话。”杰森仍强辩着。

父亲又看了他一眼：“当你没有按时出现的时候，我就打电话给加油站，问是否出了什么问题。他们告诉我你一直没有去取车。所以，你瞧，我知道车根本没有任何毛病。”

一阵负罪感顿时袭遍了杰森全身，他羞愧地承认了他去看电影的事实以及迟到的真正原因。父亲专心地听着，一阵悲伤掠过他的脸庞。

“我很生气，不是对你，是对我自己。如果这么多年你仍然感觉你必须对我撒谎的话，作为一个父亲我其实是很失败的。我的失败是因为我养了一个甚至不能和父亲说真话的儿子。我现在要走回家去，并对这些年做错的事情进行反省。”

“但是，爸爸，从这儿回家有整整18英里，天已经黑了，您不能走回去啊！”他的恳求，他的道歉，以及他后来所有的语言都是徒劳的。

整整18英里的行程，他一直跟着父亲，时速大约为每小时5英里。父亲遭受肉体和情感上的双重痛苦，是他所面对过的最令人难过、心痛的煎熬。然而，这却是他生命中所接受的最成功的教育。自此，他再也没有对父亲说过谎。

故事微语

这是一则很感人的故事，故事的结局更不乏启示。

当孩子有错时，是责怪孩子还是自我反省？事实证明，自责对心灵的震撼不可估量。

从另一个角度讲，孩子的问题确实与父母的教育有关联。无疑，这是一个非常明智的父亲，不单向地指责孩子的过错，而是回观自身，从自己的教育上找缺失，可谓是溯本求源，标本兼治，因而才有如此强大的作用。

有人说，不管是什么事情都要给自己留一条退路。其实，“退路”只是逃避的另一种说法。生活中，倘若一个人常将“退路”挂在嘴边，那便是“败有退路”，因为留有退路的时候，就潜藏着懈怠和自我安慰。当它发展到自我麻痹、自我毁灭的时候，“退路”何在？

一个人要想干好一件事情，成就一番伟业，就必须心无旁骛、全神贯注地投入进去，并持之以恒地追逐既定的目标。

但人是有惰性和太多欲望的动物，要做到这一点实在不易，如果一个人总战胜不了身心倦怠，或抵御不住世俗诱惑而想去享乐，使事业半途而废。

心灵箴言

失去金钱的人损失甚少，失去健康的人损失极多，失去勇气的人损失一切。我们的恐惧总较我们的危险多。

——[古罗马] 塞尼加

一个人绝对不可在遇到危险的威胁时，背过身去试图逃避。若是这样做，只会使危险加倍。但是如果立刻面对它毫不退缩，危险便会减半。决不要逃避任何事物，决不！

——[英] 温斯顿·邱吉尔

恐惧是世上最摧折人心的一种情绪。我与它抗战，并借着帮助情况不及自己的人们，而克服了它。我相信，任何人只要去做他所恐惧的事，并持续地做下去，直到有获得成功的纪录做后盾，他便能克服恐惧。

——[美] 艾琳诺·罗斯福

每一种创伤都能诱发成熟

故事话题

生物学家说，飞蛾在由蛹变茧时，翅膀萎缩，十分柔软；在破茧而出时，必须要经过一番痛苦的挣扎，身体中的体液才能流到翅膀上去，翅膀才能充实有力，才能支持它在空中飞翔。

一天有个人凑巧看到树上有一只茧开始活动，好象有蛾要从里面破茧而出，于是他饶有兴趣地准备见识一下由蛹变蛾的过程。

但随着时间的一点点过去，他变得不耐烦了，只见蛾在茧里奋力挣扎，将茧扭来扭去的，但却一直不能挣脱茧的束缚，似乎再也不可能破茧而出了。

最后，他的耐心用尽，就用一把小剪刀，把茧上的丝剪了一个小洞，让蛾可以出来得容易一些。果然，不一会儿，蛾就从茧里很容易地爬了出来，但是它的身体非常臃肿，翅膀也异常萎缩，耷拉在两边伸展不起来。

他等着蛾飞起来，但那只蛾却只是跌跌撞撞地爬着，怎么也飞不起来，又过了一会儿，它就死了。

故事解析

生活有快乐就有痛苦，故事有开始就有结束。岁月是一种轮回，人生是一种历练。成长会让人学会坚强，在经历了许多之后，我们才能更好地体会生活，懂得生活，学会生活。

人的一生不可能是一帆风顺的，你可能正经历着失恋的痛苦，也可能正经历着生活的没落。或是更大的人生磨难。但无论你是快乐，还是悲伤到了极致，都要学会放下，当你紧握双手，里面什么都没有，当你松开双手，就可以去拥抱世界。放下是一种解脱，是一种顿悟，是一种生活的智慧。

放下了，心静了，人生也会随之风平浪静，命运不会总是偏袒你，也不会总是忽略你。它在为你关上一道门的时候，也会为你开一扇窗，学会放下，你的人生将会豁然开朗，生命才能够月朗风清。

故事穿越

这是一个早上，妈妈正在厨房清洗早餐的碗碟。她有一个四岁的小孩子，自得其乐地在沙发上玩耍。

不久之后，妈妈听到孩子的哭啼声。究竟发生什么事呢？妈妈还没有将手抹干，就冲出去客厅看孩子去了哪里。

原来，孩子仍坐在沙发上；但是，他的手却插进了放在茶几上的花樽里。花樽是上窄下阔的一款，原来他的手伸了进去，但拿不出来。母亲用了不同的办法，想把卡着了的手拿出来，但都不得要领。

妈妈开始焦急，她稍微用力一点，小孩子就痛得叫苦连天。在无计可施的情况下，妈妈想了一个下策，就是把花樽打碎。可是她又犹豫了，因为这个花樽不是普通的花樽，而是一件价值连城的古董。不过，为了使儿子的手能够拔出，这是唯一的办法。结果，她忍痛将花樽打破了。

虽然损失不菲，但儿子平平安安，妈妈也就不太计较了。她叫儿子将手伸给她看看有没有损伤。虽然孩子完全没有任何皮外伤，但他的拳头仍然紧握着不肯张开。是不是抽筋呢？妈妈再次惊惶失措。

原来，小孩子的手不是抽筋。他的拳头不张开，是因为他紧捉着一个10元硬币。他是为了拾这一个硬币，所以令手卡在花樽的口内。小孩子的手伸不出来，其实，不是因为花樽口太窄，而是因为他不肯放手。

故事微语

人生难免有痛，难免有伤。无论我们怎么回避，那些东西都不可能离我们而去；虽然有些事不能回首，有些回忆不能梳理，有些人只能永远埋藏。

你改变不了环境，但可以改变自己。因为年轻，所以会经历一些事情，没有人能够永远快乐幸福；没有人能够坦然地面对自己的坚强和软弱，让你成熟的是经历与磨难；让你幸福的是宽容与博爱；让你心安的是理解与信任。

你改变不了事实，但你可以改变态度，有些东西就是无法改变的。也许是因为还没有找到真正的梦想；也许还在追求那永远不会有的完美；我们曾虚荣过，幻想过，为狭隘的目标奋斗过，待到重新回头看时，觉得很多事情都云淡风轻了。

你改变不了过去，但你可以改变现在，过去的就让它过去，未来会更美好；因为抛弃了不必要的包袱，生活才会更美好。人生如此短暂，有什么理由，不去好好地生活呢？有太多的事情要你去做，有很重要的人等着你去珍惜，不要回头看，前面的世界才更精彩。

你不能预知明天，但你可以把握今天，“森林中有一个分岔口，我愿选择脚印少的那一条路，这样我的一生会截然不同”。一条路走的人多了，总会泥泞不堪，总会尘土飞扬，为何不换一条路走走，也许一切将会是另一种样子；把握自己的今天，那么明天一定会更好。

心灵箴言

成大事不在于力量的大小，而在于能坚持多久。

——[英] 塞·约翰生

每一种挫折或不利的突变，是带着同样或较大的有利的种子。

——[德] 歌德

我们不能把握生命的长度，但是可以把握生命的宽度，上天没有给我成功权利，但是它给了 我们选择的权利。既然我选择了，我就一定要做到最好。

——舒凯

在跌倒的地方遇见另一片天堂

故事话题

有一位雕塑家，她的作品在一家著名美术馆展出多年，后来这家美术馆的老板过世，美术馆也关了门。这位 40 多岁的女雕塑家发现别的美术馆都不要她的作品，大为诧异。最后，一位美术品商人解释问题所在，他说："你年纪太大了。"她简直不相信自己的耳朵，不过那位商人继续解释说，美术厅要的是能够让批评家去"发现"的新秀，不然就要那些作品售价最高的成名大师。她年龄不大不小，价钱又不高不低。

她听了很不高兴，但还是记在心里。她从此不再漫无目的地去找出名艺术商，而是开始自己推销作品，结果非常成功。

故事解析

其实，要克服无形的障碍十分困难。像这位雕塑家一样，越来越多的人在遇到这些障碍之后，就考虑自立门户。即使是人生失意时，守株待兔总是比较舒服的。可是，你必须认真分析自己的处境，强迫自己另谋生路，重新掌握生活，创造前途。

所以，跌倒是又一次站起，又一次站在自己的舞台，又一次站上自己的舞台，舞出青春与活力。即使重重地跌倒在地，也不要轻易落泪，因为跌倒的地方也有风景。

故事穿越

在美国有这样一件事：

有一位青年在一家公司做得很出色，他为自己描绘了一幅灿烂的蓝图，对前途充满信心。

突然这家公司倒闭了，这位青年认为自己是世界上最不幸，最倒霉的人，他垂头丧气。但是他的经理，一位中年人拍了拍他的肩说：“你很幸运，小伙子！”

“幸运?”青年人叫道。

“对，很幸运！”经理重复一遍，他解释道：“凡是青年时候受挫折的人都很幸运，因为你可以学到如何坚强。如果一直很顺利，到了四五十岁，忽然受挫，那才叫可怜，到了中年再学习，实在是太晚了。”

故事微语

生命总是在不可捉摸中渐渐成长，最后又在渐渐成长中漫漫地悄然逝去。有的在困难中坚持，有的在困难放弃，但无论坚强还是放弃，都没有错与对。

跌倒后我们可以选择重新站起来，继续往前走，像试飞的小鹰一样为了能翱翔于蓝天再次试飞，也可以像小鸡一样放弃翱翔于蓝天。是快乐还是痛苦？是成功还是失败？就在于一个“选择”。但最终的目的只有一个——幸福。

真正的幸福不是羡慕不是嫉妒。人永远不要和别人比，别人能做到的

事你不一定能做到；同样的，你能做到的事别人也不一定能做到。我们要和自己比，只要你发现现在的你比以前的你更快乐更有成功感，这就说明你已经进步了。

俗话说：走自己的路让别人说去吧。路是走出来的，再长的路只要你一直不停地走，最后你将走完，再短的路如果你一步不走，最后你还是不能把它走完。路上，可能会发生我们无法预料的事，它可能是一阵狂风或是一阵风驰电掣的暴雨，是阳光明媚或是黑暗的深渊，是大声的哭泣或是幸福的高歌。

心灵箴言

每个天才的产生，必是热忱的产物。

——[美] 本杰明·狄斯拉里

当一个人跌倒在地时，就会有人喊“打倒他”。

——[西班牙] 塞万提斯

一个人几乎可在任何他怀有无限热忱的事情上成功。

——[美] 查尔斯·史考伯

如果你问一个善于溜冰的人怎样获得成功时，他会告诉你：“跌倒了，爬起来”，这就是成功。

——[英] 牛顿

输得起，是一种前行的力量

故事话题

有一个早几年就下海开公司的人近来走了“霉运”，原本蒸蒸日上的业务突然间屡屡失败，公司里多年来一直忠心耿耿跟随他左右的两个业务副总管离开了他，甚至“跳槽”到与他竞争的公司去了。

在内外交困之中，这个人并没有认真、及时反省自己，反而一味地责怪过去的战友背叛了自己，他因此沉湎于愤怒和伤心之中，不再相信别人，动不动就发脾气，结果是恶性循环，整个公司上下人心涣散，陷入了更大的困境。

其实公司经营上出了问题，作为公司老总的他，首先就不可能推卸自己的失误，即使是别人背叛也是他用人不当，如果老是怪东怪西，把所有的过错归咎于他人，那么必将面对更大的危险。所幸的是这个人在家人的提醒下终于醒悟过来，开始承认自己过去各方面的失误之处，并客观总结了因为自己的固执已经带来的失败和教训。

故事解析

小时候，每当我们不小心摔倒后，第一个念头不是找找看是什么东西绊了脚，而是怪别人乱放东西，实在不行还可以怪路不平。尽管那样做对于疼痛的减轻并没有直接效果，但能找到一个可以责怪的对象多少算是一种安慰，可以证明自己没有责任。

一个真正意义上的强者，并不是一个一帆风顺的幸运儿，必然要经历各种痛苦和挑战，而战胜一切困难的人首先必须战胜自己，战胜自己的前提就是反省自身。

责怪自己是一种力量，而习惯于责怪他人的人迟早招致怨恨，一个勇于律己的人无疑是高尚的，他会因此有包容整个世界的力量，让所有人钦

佩其不凡的风度并乐于交往。其实就算别人真有可以谴责之处，过分的责怪也是于事无补的，生气更不能解决任何问题，而从自身检讨才是唯一可行的道路。在这个世界上最难以战胜的敌人其实就是自己，如果一个人已经到了只剩下自己这一个对手时，实际上他已经是天下无敌了。

怨天尤人其实是一种懦弱，更是一种不成熟的表现，这样做不仅掩盖了自己不能面对的现实，还留下了将来可能重蹈覆辙的隐患。

故事穿越

那年秋天，满怀心事的他在铺满落叶的麻省理工校园里踱步。他是怀揣着理想来求学的，但文化的隔阂使得他害怕自己无法以优异的成绩毕业。

忽然，他发现一群人在热烈地讨论着什么。原来，一个送快餐的大胡子男人看到一辆新出产的轿车之后忍不住评价了几句。由于他说得非常专业，轿车主人和他热情地攀谈起来，并吸引了不少行人。

大家好奇地问他为什么懂得这么多，他告诉大家，他以前是一家汽车公司的老板，因为经济不景气，企业破产了。为了养家糊口，他干脆送起了快餐。围观的人们感叹着，大胡子却丝毫没有沮丧的神情，反而笑着说道："没什么输不起的。不开汽车公司，我也照样能养活一家人。"

这些话在他心中掀起了阵阵波澜：的确，这世上根本就没什么绝境，自己也没什么是输不起的。没有了心理负担的他耐心地钻研着专业知识，很快就取得了一系列令人瞩目的研究成果。他就是后来被誉为"中国航天之父"的科学泰斗钱学森。

故事微语

人生是一条漫长的旅途。有平坦的大道，也有崎岖的小路；有灿烂的鲜花，也有密布的荆崎。在这旅途上，每个人都会遭受挫折，而生命的价值就是坚强的闯过挫折，冲出坎坷。如果跌倒了，不要乞求别人把你扶起；失去了，就不要乞求别人替你找回。

所谓的输，就是人生中遇到的挫折，是在所难免的。输了并不意味着你比别人差；输了，也不意味着你永远不会成功；输了，更不意味着你到了人生的终点。聪明的人告诉你，失败的终点往往是成功起点。只要你敢于正视失败，敢于拼搏，你一定会采摘到成功的鲜花——那朵远在天边的奇葩。

无论顺境还是逆境，都要从容面对；无论获得还是失去，都要平静地接受。我想这才是我们青年人的活法。我认为路就在脚下，不管过去多么暗淡，不管未来多么辉煌，一切的过去都以现在为归宿，一切的未来都以现在为起点。

输并不可怕，为了追寻自己的理想，我们要飞翔，去接受风雨的洗礼；为了实现人生的夙愿，我们要飞翔，去迎接春风和朝阳。虽然我们并不坚强的翅膀也许会受伤，但我们一定要飞向远方。青春像一团燃烧的烈火，一轮滚烫的红日，让我们携手并肩，用青春描绘新世纪的风采，去感悟人生的真谛，谱写生命的乐章。

心灵箴言

去做你害怕的事，害怕自然就会消逝。

——[美] 爱默生

“不可能”这个字，只在愚人的字典中找得到。

——[法] 拿破仑

生命里最重要的事情是要有个远大的目标，并借才能与坚毅来达成它。

——[德] 歌德

在伤心时，更不能为难自己

故事话题

有一天，一个王子独自到花园里散步。使他万分惊奇的是，花园里所有的花草树木都枯萎了，园中一片荒凉。后来王子了解到：橡树由于没有松树那么高大挺拔，因此轻生厌世死了；松树又因自己不能像葡萄那样匍匐在架上，不能像桃树那样开出美丽可爱的花朵，于是也死了；牵牛花也病倒了，因为它叹息自己没有紫丁香的芬芳。其余的植物也都垂头丧气，无精打采。只有一棵小小的心安草在茂盛地生长。

王子问道："小心安草啊，别的植物全都枯萎了，为什么你这小草这么勇敢乐观，毫不沮丧呢?"

小草回答说："王子啊，我不灰心失望，是因为我知道，如果王子您想要一棵橡树，或者一棵松树、一丛葡萄、一棵桃树、一株牵牛花、一棵紫丁香等，您就会叫园丁把它们种上，而我知道您对我的希望就是要我安心做一株小小的心安草。"

故事解析

大千世界，芸芸众生，唯有人的情感最丰富。当“伤心”光顾您的时候，您千万别把自己弄得遍体鳞伤；在你快乐的时候，要想到这快乐不是永恒的；在你痛苦的时候，要想到这痛苦也不是永恒的。

人有时仿佛就为感情、事业、家庭而活。而诸多的不开心，伤心也仿佛都由此而来。可是我们又无法去挑选没有它们的日子，所以我们只能选择修炼自己。伤心的时候，不要只知道流泪，要学会把自己的坏心情暂放一边，好好地疼爱自己一回。不要让自己活得太狼狈，其实生活原本就有太多的不完美。

伤心时，可以找个知心朋友倾诉衷肠，也可以找个清幽的地方，沐浴一下阳光，还可以放上一段自己喜欢的歌曲，温暖你的心房，你还可以善待一下自己，买一些平时想买但舍不得买的东西来慰劳自己。

所以要学会疼惜自己，爱护自己。要知道只有你爱自己了，才会有人来爱你。因为在这个世上，爱你的人或许不止一个，可真正爱你的和与你形影不离的只有你自己。如果连你自己都不懂得爱惜你自己，那么你还能祈求谁呢？所以，千万不要在伤心的时候为难自己，这样会很痛苦。

故事穿越

杰克是一个有理想的青年。他喜欢创作，立志当个大作家，像自己的偶像山姆一样。通过不断了解，杰克发现山姆是个高产作家，并且创作风格非常多样化。再有，从作品涉及的内容看，其人的知识、见识极其广博。以山姆为偶像，杰克开始了文学创作。慢慢地，杰克也能发表作品了。

杰克高兴地努力地写着，从趋势上看，他是进步的。然而，写了几年后，杰克沮丧地发现：自己要想赶上山姆，简直是白日做梦。山姆酷似一台创作机器，任意翻开一册新一期的杂志，几乎都可以看见山姆的名字。另外，山姆那多样化的创作风格，可以吸引有着不同欣赏癖好的读者，而自己仅有一种创作风格。最可怕的是，山姆犹如一个无所不知、无所不晓的“万事通”，而自己，相比之下，显得懂得太少了。杰克开始怀疑自己

了，怀疑自己的才气，怀疑自己的学识，怀疑自己是不是文学创作这块料。

在种种怀疑下，杰克信心尽失，慢慢地，他远离了创作。他死心塌地做了一名运输垃圾的司机。在奔向垃圾处理场的路上，杰克老了。

这一天，老杰克到一家杂志社去运垃圾，那其实是一些滞销旧杂志。老杰克随手拾起了一册翻了翻，又看见了山姆的名字。忽然，老杰克想跟杂志社的人打听打听山姆。

事实上，除了山姆的名字和他的作品，老杰克对山姆本人是一无所知的。杂志社的人笑着告诉老杰克：山姆这个人根本不存在。我们杂志社把作者姓名不详的文章，一概署名为山姆。其他的杂志社也有这个习惯。所以山姆的名字常常出现在杂志上。

话未说完，老杰克已然惊得不能动弹了。原来，让他信心尽失、理想破灭、一生黯淡的，竟是一个根本不存在的人。

故事微语

人生在世，不如意的事情十有八九。就象天有不测风云、月有阴晴圆缺一样。你不必惊慌失措，意志消沉，更不能自怨自哀，逆来顺受。你首先要学会安慰自己、疼惜自己，用理智调整好自己的心态，您才能驱走心灵上的“冰霜”，赢来一米阳光。

当你伤心的时候，要宽恕众生，只要做到宽恕，无论你受到多大的伤害，都能得到真正属于你自己的快乐。“人生”就像是上天在我们每一条

道路上布置的一道道关卡，考验着我们每一个过往的行者。

人生的真理往往藏在平淡无味之中的。那么我们不要奢求什么，也不要盲目地去追求什么，更不要浪费您的生命在您一定会后悔的地方上，什么事只要面对现实，这样你才能够超越现实。

心灵箴言

宁可自己去原谅别人，莫让别人来原谅你。

——[美] 海伦·凯勒

要成大事，就得既有理想，又讲实际，不能走极端。

——[美] 富兰克林·罗斯福

活着一天，就是有福气，就该珍惜。当我哭泣我没有鞋子穿的时候，我发现有人却没有脚。

——路遥

世界原本就不是属于你，因此你用不着抛弃，要抛弃的是一切的执著。万物皆为我所用，但非我所属。

——[美] J·P·奥特威

别人可以违背因果，别人可以害我们，打我们，毁谤我们。可是我们不能因此而憎恨别人，为什么？我们一定要保持一颗完整的本性和一颗清净的心。

——佚名

心灵榜样微史话

苏格拉底

苏格拉底是古希腊著名的思想家、哲学家，教育家。他和他的学生柏拉图，以及亚里士多德被并称为“古希腊三贤”。

身为雅典公民，据记载，苏格拉底最后被雅典法庭以引进新的神和腐蚀雅典青年思想之罪名，判处死刑。尽管他有逃亡雅典的机会，但苏格拉底却选择饮下毒堇汁而死，因为他认为逃亡只会进一步破坏雅典法律的权威，同时也担心自己逃亡后雅典将再没有好的导师可以教育人们了。

柏拉图

柏拉图家境优裕，从小受到良好的教育。他的文法、修辞、写作成绩优秀，他曾写过不少诗歌及其他文学作品。他也喜爱音乐和绘画，并有较高造诣。大约 20 岁时，柏拉图开始跟随苏格拉底学习，此后的 8 年他一直跟随苏格拉底，是苏格拉底的忠实信徒和亲密朋友。

公元前 399 年，苏格拉底被诬告并处死，株连到柏拉图，柏拉图被迫离开雅典，流亡国外达 12 年之久。他逃离雅典后游历了许多地方，后来提出了比苏格拉底更为完整的教育理论。他的教育理论集中表现在他的著作《理想国》中。柏拉图认为当时希腊各城邦国家的政治制度都不够理想。于是他把当时希腊的各种政治制度以及当时希腊以外（如埃及等）的政治制度加以分析、比较、综合、总结，设计了一种全新的政治制度。

林肯

亚伯拉罕·林肯是美国的政治家、思想家、第 16 任美国总统。其任总统期间，美国爆发了南北内战，林肯废除了叛乱各州的奴隶制度，颁布了《宅地法》和《解放黑人奴隶宣言》，坚决反对国家分裂，维护了美利坚联邦及其领土上不分人种、人人生而平等的权利。

内战结束后不久，林肯成了第一个遭遇刺杀的美国总统，也是首位共和党籍总统，曾位列最伟大总统排名第一位，也是当今评出的最有作为的总统之一。美国线上曾于 2005 年举办票选活动——《最伟大的美国人》，林肯被选为美国最伟大人物中的第二位。说话、办事老实、公正。公众称他为“诚实的老亚伯”和“伟大的解放者”。

卡内基

安德鲁·卡内基出生于苏格兰古都丹弗姆林。美国南北战争结束后，29 岁的他仍不满足现状，另立门户，自主创业。于是，他向宾州铁路公司提出了辞呈，并在宾夕法尼亚州与人合伙创办了卡内基科尔曼联合钢铁厂。后来，他征服了钢铁世界，成为美国最大钢铁制造商，跃居世界首富，堪称美国“钢铁大王”。

卡内基原本出身于匹兹堡的贫民窟，他为自己的工人出身感到自豪。成功后，他将大部分财富捐献给了社会。他说：“一个有钱人如果到死还是很有钱，那就是一件可耻的事情。”他被认为是世界上最有钱的人，但为了下一代他毫不吝惜自己的财富。卡内基象征着美国的一个时代，集野心、才干和凶猛于一身。他创建了一个钢铁帝国，同时也创造了一个传奇。

苏轼

苏轼，字子瞻，又字和仲，号东坡居士，宋代文学最高成就的代表，于宋仁宗景祐三年出生于眉州眉山，是初唐大臣苏味道之后。苏轼其名“轼”原意为车前的扶手，取其默默无闻却扶危救困，不可或缺之意。

苏轼生性放达，好交友，好品茗，亦好游山林。其文汪洋恣肆，豪迈奔放，与韩愈并称“韩潮苏海”。其诗题材广阔，清新豪健，善用夸张比喻，独具风格，与黄庭坚并称“苏黄”。词开豪放一派，与辛弃疾同是豪放派代表，并称“苏辛”。又工书画。现有《东坡七集》《东坡易传》《东坡乐府》等存世。

拉菲尔

拉斐尔是文艺复兴时期意大利的著名画家，也是“文艺复兴后三杰”中最年轻的一位。他出生于意大利中部的乌尔比诺镇，父亲是宫廷的二级画师。他自幼跟随父亲学画，直到 11 岁那年父亲去世。后来，他学习了 15 世纪佛罗伦萨艺术家的作品，吸取各派画家的优势，形成了自己和谐明朗、优美典雅的艺术风格，渐渐走上了独创的道路。

拉斐尔 21 岁那年创作出了《圣母的婚礼》，这幅作品不论是构图还是形象塑造都有所创新。1504 年，他生活在佛罗伦萨，受当地共和政治、民主精神和人文主义思想的影响，同时还学习列奥那多·达芬奇的构图和米开朗基罗的人体表现风格，使他的风格日渐成熟，从而迅速和两人齐名。他的圣母像最有名的是《安西帝圣母》《草地上的圣母》和《佛利诺的圣母》。

希拉里·黛安·罗德姆·克林顿

希拉里·黛安·罗德姆·克林顿是美国第 67 任国务卿、前联邦参议员，同时也是美国著名律师、政治家、美国第 42 届总统比尔·克林顿的妻子。她出生于芝加哥的一个富商家庭，充满爱的童年生活奠定了她对家庭、工作的忠诚的信念和服务大众的理念，她从小就对诸多领导职位表现出极大兴趣，学业成绩也很好，是学校和社团中的活跃分子。

希拉里 1965 年进入马萨诸塞州韦尔斯利学院，主修政治学，是第一个在韦尔斯利学院毕业典礼上发表演讲的学生，而她富有争议的演讲也引起了全国的注意。从政之后， 她的政治立场偏向自由主义，在政界的影响力也不俗，舆论普遍认为她是美国历史上最有实权的第一夫人。

霍金

斯蒂芬·霍金出是剑桥大学应用数学及理论物理学系教授，当代最重要的广义相对论和宇宙论家。上世纪 70 年代，他与彭罗斯一道证明了著名的奇性定理，为此他们共同获得了 1988 年的沃尔夫物理奖。他也因此被誉为继爱因斯坦之后，世界上最著名的科学思想家和最杰出的理论物理学家。之后，他还证明了黑洞的面积定理。

张海迪

张海迪，山东省威海市文登区人，中国著名残疾人作家，哲学硕士，英国约克大学荣誉博士。5 岁时因患脊髓血管瘤，高位截瘫，跟学校生活失之交臂，但她以顽强的毅力自学完了小学至大学的所有专业课程。

1983 年，海迪走上了文学创作的道路，她克服一切困难精益求精地进行创作，至今已出版的作品有长篇小说《轮椅上的梦》《绝顶》；散文集《鸿雁快快飞》《向天空敞开的窗口》《生命的追问》；翻译作品《海边诊所》《丽贝卡在新学校》《小米勒旅行记》《莫多克——一头大象的真实故事》等。

贝多芬

路德维希·凡·贝多芬是德国最伟大的音乐家之一。他出身于德国波恩的平民家庭，很早就显露了音乐上的才能，8 岁开始登台演出。1792 年到维也纳深造，艺术上进步飞快。

他一生坎坷，没有建立家庭。26 岁时开始有点耳聋，晚年全聋，只能通过书写与人交流。但孤寂的生活并没有使他沉默和隐退，在一切进步思想都遭禁止的封建复辟年代里，他依然坚守“自由、平等”的政治信念，通过言论和作品，为共和理想奋臂呐喊，写下不朽名作《第九交响曲》等。

心灵修养用语微解

自勉： 自己勉励自己。《北史•辛昂传》：“若不事斯语，何以成名，各宜自勉，克成令誉。”

沉淀： 溶液中难溶解的固体物质从溶液中释出。或从溶液中释出的难溶解的固体物质凝聚，积累。

谦虚： 指虚心，不夸大自己的能力或价值；没有虚夸或自负；不鲁莽或不一意孤行。语出《诗•小雅•角弓》“莫肯下遗”。

角度： 表示角的大小的量，通常用度或弧度来表示。也可用来比喻看事情的出发点。示例:几个人从几个角度攻击同一主题。

反省： “反省心理学”中的专业词汇，意思是指对自身已往心理活动的回忆。在反省心理学中，“反省”是与“回忆”相对应的一个概念。

勇气： 勇往直前的气魄：夫战，勇气也。敢想敢干毫不畏惧的气概：藐视困难的勇气，廉颇以勇气闻于诸侯。勇敢是智慧和一定程度教养的必然结果。

领悟： 体会，解悟。在艺术中，领悟是指接受者在鉴赏艺术作品时，对与世界奥秘的洞悉，人生真谛的彻悟，以及精神境界的升华。这是一种更高层次的审美效应。

忏悔： 谓悔谢罪过以请求谅解。忏，为梵语 ks!ama （忏摩） 之略译，乃‘忍’之义，即请求他人忍罪；悔，为追悔、悔过之义，即追悔过去之罪，而于佛、菩萨、师长、大众面前告白道歉，期达灭罪之目的。

自觉： 即内在自我发现、外在创新的自我解放意识。其是人类在自然进化中通过内外矛盾关系发展而来的基本属性，是人的基本人格。其是人一切实践行为的本质规律，表现为对于人自我存在的必然维持、发展。

坚强：亦作“ 坚彊 ”。强固有力，不可动摇或摧毁。比如《左传·成公九年》：“勤以抚之，宽以待之，坚强以御之。”另外还指使其坚强。《百喻经·五百欢喜丸喻》：“尔时远人既受勅已，坚强其意，向师子所。”

勇敢：是人们有勇于敢为人先的精神或气质。敢为人先不是每个人都具有的气质，只有那些有勇气的人，有勇气敢为人先的人才能被称作是勇敢的人。勇敢是个中义词，好人可以勇敢，坏人也是可以勇敢。

自责：因个人缺点或错误而谴责自己。积极的自责既是一种对他人的道歉，也是一种自我心灵的解脱，它既可以化暴戾为祥和，也会使人真诚相待。消极的自责常常表现为过度的责备自己，致使自产生沮丧、悔恨、郁闷、绝望等心理，影响身心健康。

自由：由自己作主；不受限制和拘束。《玉台新咏·古诗》：“吾意久怀忿，汝岂得自由。”袁宏《后汉纪·灵帝纪中》：“今方权宦羣居，同恶如市，上不自由，政出左右。”《北史·尒朱世隆传》：“既总朝政，生杀自由，公行淫泆，信任羣小，随情与夺。”刘商《胡笳十八拍》之七：“寸步东西岂自由，偷生乞死非情愿。”蒲松龄《聊斋志异·巩仙》：“野人之性，视宫殿如籓笼，不如秀才家得自由也。”

博文约礼：出自《论语·雍也》：“君子博学于文，约之以礼，亦可以弗畔矣夫！”指以文献知识广博见解，又以礼制规范约束行为，香港中文大学校训为“博文约礼”

天道酬勤：发自《论语》的“天道”即“天意”“酬”即酬谢，厚报的意思“勤”即勤奋、敬业的意思，就是说“天意厚报那些勤奋、勤劳的人。”上天会实现勤劳的人的愿望、一人耕耘、一分收获。

塞翁失马，焉知非福：通常是比喻虽然受到了一时损失，但却因此能得到好处。也指坏事在一定条件下可变为好事。主要是形容人的心态要乐观向上，世界上任何事情都有二面性。《镜花缘》 第七回中写道：“处士有志未遂，甚为可惜，然塞翁失马，安知非福？”鲁迅在《呐喊·阿Q正传》中写道：“但真所谓‘塞翁失马安知非福’罢，阿Q不幸而赢了一回，他倒几乎失败了。”